Die Ortskurventheorie der Wechselstromtechnik

Von

Dr.-Ing. Günther Oberdorfer
Privatdozent
an der Technischen Hochschule in Wien

Mit 52 Abbildungen

München und Berlin 1934
Verlag von R. Oldenbourg

Druck von R. Oldenbourg, München

Vorwort.

Die Ortskurventheorie ist heute eine von Kennern wo immer möglich angewandte Darstellungsart, von Halbkennern eine respektvoll geachtete, aber wegen ihrer »Schwerverständlichkeit« gewöhnlich vernachlässigte Theorie, während sie die Nichtkenner meist schon deshalb ablehnen, weil sie sich auf der komplexen Rechenart aufbaut, deren Erlernung so schwer sein soll. Wenn ich als Praktiker nicht nur selbst die Ortskurventheorie immer wieder anwende, sondern auch Gelegenheit hatte, die Einstellung der verschiedensten Fachkreise zu derselben zu studieren, so möchte ich einesteils davor warnen, die Theorie durch spitzfindige, zwar interessante, aber wenig praktische Feinheiten in eine rein geometrische Spekulation ausarten zu lassen; andererseits kann aber bei den heute noch vielfach bestehenden Vorurteilen nicht genug betont werden, daß gerade die komplexe Rechnung und ihre geometrische Darstellungsform, die Ortskurventheorie, zu den einfachsten, bestimmt aber zu den klarsten und übersichtlichsten Methoden zählt, die Ingenieuren und Technikern jeder Fachgruppe wertvollste Dienste erweist.

In der Literatur findet man erfreulicherweise die Ortskurventheorie in immer größerem Umfang in Anwendung. Außerhalb von Aufsätzen in den Fachzeitschriften, die die Ortskurventheorie als Darstellungsmittel benützen, sind aber nur zwei Bücher über die Theorie selbst zu finden. Das Buch von O. Bloch »Die Ortskurven der graphischen Wechselstromtechnik« und das Buch von G. Hauffe »Die Ortskurven der Starkstromtechnik«. Blochs grundlegendes Werk, das bereits 1917 erschienen ist, mußte damals gegen schwer eingesessene Vorurteile ankämpfen, so daß ein Großteil des Buches zur Widerlegung falscher Ansichten verwendet werden mußte. Der übrige, didaktische Teil ist auch heute noch durchaus aktuell und lesenswert, behandelt aber keine Scharendiagramme. Hauffes Buch ist nun, wie der Titel schon sagt, kein eigentliches Lehrbuch der Ortskurventheorie, sondern ein Buch der Starkstromtechnik, wobei die Darstellung in Form von Ortskurven vorgenommen wird. Scharendiagramme sind dabei nicht verwendet worden.

Nach dem Gesagten ist anzunehmen, daß für ein Lehrbuch der Ortskurventheorie ein Bedürfnis vorhanden sein muß, um so mehr, wenn in demselben auch die wichtigsten Scharendiagramme behandelt werden. Ich habe mich dabei bemüht, im ersten Teil des Buches die reine Konstruktion der wichtigsten Ortskurven möglichst eingehend zu beschreiben, während der zweite Teil Zahlenbeispiele enthält, die zwar aus den verschiedensten Gebieten der Wechselstromtechnik genommen doch in erster Linie die zahlenmäßige Durchführung der im ersten Teil gewonnenen Ermittlungsregeln zeigen sollen. Dabei sind auch die Geraden- und Kreisscharendiagramme beschrieben, die in der Literatur bisher in systematischer Form meines Wissens überhaupt nicht behandelt wurden, wenn auch in vielen Sonderproblemen bereits Scharendiagramme Anwendung gefunden haben. Insbesondere hat sich K. Krauß eingehend mit den Kreisscharendiagrammen beschäftigt; so stammen beispielsweise die Ausdrücke »Grundkreis« und »Stammkreis« von ihm.

Um dem Buch auch dauernden Nachschlagewert zu verleihen, habe ich zu den wichtigsten Diagrammtypen jeweils noch eine schlagwortartig gehaltene Ermittlungsvorschrift beigefügt, die es ermöglichen soll, das betreffende Diagramm zu konstruieren, auch ohne daß erst der Text des Buches neuerdings gelesen werden müßte.

Und nun obliegt es mir noch, dem Verlag für das Entgegenkommen zu danken, das bei den vielfachen Verzögerungen, die durch meine starke Inanspruchnahme bedingt waren, nötig war, um das Buch in der vorliegenden Form der Fachwelt zuzuführen.

Wien im September 1934.

Der Verfasser.

Inhaltsverzeichnis.

A. Einleitung.

Der Großteil der Wechselstromprobleme, die sich dem Praktiker aufdrängen, befaßt sich mit elektrischen Größen, denen außer ihrem Zahlenwert noch eine Richtung zukommt. Wir nennen solche Größen bekanntlich Vektoren und bezeichnen im besonderen als Zeitvektoren solche, bei denen der Richtungswinkel als lineare Funktion der Zeit auftritt. Ändert sich dabei die Vektorgröße, wie es bei unseren Wechselstromaufgaben gewöhnlich der Fall ist, sinusförmig mit der Zeit, so lassen sich zusammengehörige Vektoren in Vektordiagramme einordnen, die ein übersichtliches Bild vom Vorgang des Problems oder zumindestens eine Beurteilung oder Beschreibung desselben zulassen.

Sehr häufig kommt es nun aber vor, daß in den Beziehungen, die durch ein Vektordiagramm darzustellen sind, die eine oder andere Größe parametrisch veränderlich ist. So kann beispielsweise bei einem Asynchronmotor nach dem Verhalten der Drehzahl bei veränderlicher Periodenzahl, bei einer Kraftübertragung nach dem Blindstromausgleich bei veränderlicher Betriebsspannung, bei der Erdschlußlöschung nach Größe und Lage des Reststromes bei veränderlicher Abstimmung usw. gefragt sein. Der Parameter ist in diesen Fällen die Periodenzahl, die Betriebsspannung, die Abstimmung usw. Die Vektordiagramme für die Drehzahl, den Blindstrom, den Reststrom usw. fallen nun immer anders aus, je nach der jeweiligen Wahl des Parameters. Statt nun zu jedem Parameterwert ein neues Diagramm zu entwerfen, können diese gewissermaßen übereinandergelegt werden; es kann dann jeder Vektor der darzustellenden Größe mit dem zugehörigen Parameterwert bezeichnet werden. Verbindet man die so erhaltenen Endpunkte der gesuchten Vektorgröße durch eine Kurve, so erhält man die sog. Ortskurve, die nun eine Bezifferung nach den Parameterwerten aufweist.

Sind nun im besonderen bei einer darzustellenden Beziehung zwei Größen parametrisch veränderlich, so erhält man nicht mehr eine einzelne Kurve, sondern eine zweifache Kurvenschar, die nach den beiden Parameterwerten beziffert ist.

Wir wollen im folgenden sehen, wie solche Ortskurvendiagramme, die offensichtlich sowohl für den Forscher als auch für den Berechner und Betriebsingenieur außerordentlich wertvoll sind, leicht und ohne viel Mühe hergestellt werden können. Einfachdiagramme sind — wie etwa das Kreisdiagramm — schon lange bekannt. Ihre Ermittlung nach den gewöhnlichen Regeln der ebenen Geometrie ist aber meist recht umständlich und erweckt bei vielen, namentlich wenn die Zeiten der Fachschule schon weiter zurückliegen, ein gewisses Unbehagen in Ansehung der langwierigen Rechenarbeit. In weitaus einfacherer und eleganter Weise läßt sich dem Problem aber mit der komplexen Rechnung beikommen, die daher in der Folge ausschließlich Verwendung finden soll.

Wenn man auch hier noch erfahrungsgemäß häufig Widerstand gegen diese »neue« Methode und das lästige »Umlernen« antrifft, so ist andererseits festzustellen, daß dieser Widerstand erfreulicherweise immer mehr abnimmt. Die komplexe Rechnung ist in der Tat so einfach, daß sie wohl fast jeder gerne annimmt, wenn er nur erst einmal den ersten Widerstand überwunden hat und der mit Unrecht bei vielen Praktikern so gefürchteten $\sqrt{-1}$ mutig entgegentritt.

B. Die komplexe Vektorrechnung.

I. Gauß'sche Zahlenebene.

Unter der Gauß'schen Zahlenebene versteht man den Inbegriff aller komplexen Punkte einer Ebene (der Darstellungsebene), die durch ein rechtwinkeliges Koordinatensystem geordnet werden. Es ist bekannt, alle reellen Zahlen als Punkte einer Geraden — der Zahlengeraden — aufzufassen, indem jede Zahl auf der Geraden die numerische Entfernung von einem Ausgangspunkt — dem Nullpunkt — angibt. (Abb. 1.) Sämtliche positive und negative Zahlen zusammengenommen liefern dann unendlich viele Punkte, die die Zahlengerade ergeben. Die Richtung dieser Geraden in der Darstellungsebene ist dabei vorläufig vollständig gleichgültig. Alle Rechenoperationen liefern wieder reelle Zahlen, die ihren Platz irgendwo auf der gleichen Zahlengeraden zugewiesen erhalten. Nehmen wir nun an, wir wollen ein anderes System reeller Zahlen in gleicher Weise darstellen, aber doch vom ersten System unterscheiden. Graphisch läßt sich dies sehr einfach dadurch erreichen, daß man für das zweite System eine zweite, gegen die erste irgendwie geneigte Zahlengerade wählt. In der Rechnung besteht damit aber noch kein Unterschied zwischen den beiden Systemen. Um einen solchen anzuzeigen, kann man verschiedene Mittel anwenden. Man kann zum Beispiel die

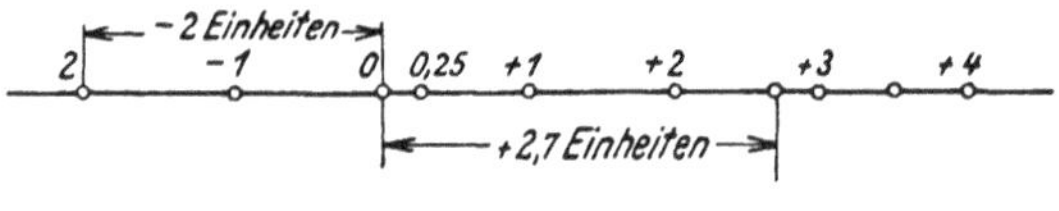

Abb. 1. Die Zahlengerade.

sämtlichen Zahlen des zweiten Systems mit einem konstanten Faktor multiplizieren, der der Zahlenreihe selbst nicht angehört. Die als Faktor daneben stehende Zahl wird damit eindeutig als dem zweiten System zugehörig erkannt. Als solcher Faktor hat sich nun auch wegen seiner Folgerung die imaginäre Einheit

$$j = \sqrt{-1}$$

ganz besonders geeignet. Alle unendlich vielen reellen Zahlen mit j als Faktor, also die ganze Reihe der rein imaginären Zahlen, bilden dann die zweite Zahlengerade. Es hat sich nun als sehr vorteilhaft erwiesen, die zweite Zahlengerade normal auf die erste zu stellen und ihre Nullpunkte zusammenfallen zu lassen.

Diese beiden Geraden bedeuten aber nun mehr als zwei Zahlengerade, wenn man die vier Quadranten der Darstellungsebene in die Betrachtung mit einbezieht und die beiden Geraden als Koordinatenachsen auffaßt. Nach Abb. 2 kann dann jeder Punkt A durch seine Koordinaten a_1 und a_2 dargestellt werden, das sind jene Punkte der beiden Zahlengeraden, die durch Parallele zu den Koordinatenachsen auf jenen herausgeschnitten werden. Jeder Punkt A der Ebene ist damit durch zwei Zahlenangaben eindeutig bestimmt, und zwar durch die Zahlen a_1 und ja_2.

Die beschriebene Darstellung läßt aber noch eine andere Deutung zu. Faßt man nämlich den Punkt A als Endpunkt eines vom Schnittpunkt O der beiden Geraden ausgehenden Vektors auf, so sind a_1 und ja_2 die »Komponenten« dieses Vektors in der Richtung der beiden Zahlengeraden. Die Zahlengeraden werden damit zu den Achsen unseres Darstellungssystems, und zwar zur »reellen« und »imaginären« Achse, die durch $+$, $-$ bzw. $+j$, $-j$ bezeichnet werden mögen. Der Vektor[1]) $\mathfrak{A}$ hat dann eine reelle Komponente a_1 und eine imaginäre Komponente ja_2 und kann eindeutig durch die komplexe Zahl $a_1 + ja_2$ dargestellt werden. Wir können also in der sog. Komponentenform schreiben

$$\mathfrak{A} = a_1 + j a_2 \quad . \; . \; . \; . \; . \quad (1)$$

Häufig ist noch eine zweite Darstellungsform von Vorteil, bei der die absolute Größe des Vektors und sein Richtungswinkel als Kenngrößen gewählt sind. Es sei dabei festgelegt, daß der Richtungswinkel stets von der positiven reellen Achse aus und entgegengesetzt dem Sinne des Uhrzeigers positiv, im entgegengesetz-

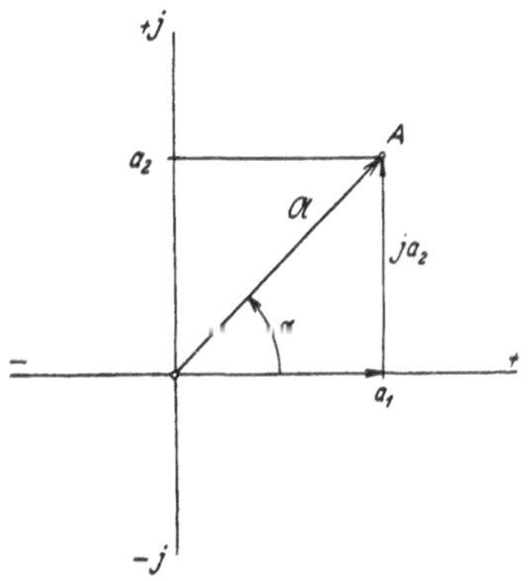

Abb. 2. Die Gaußsche Zahlenebene.

[1]) Wir wollen Vektoren stets durch deutsche Buchstaben kennzeichnen, während ihr Absolutwert durch denselben Lateinbuchstaben dargestellt werden soll.

ten Sinne daher negativ zu zählen ist. Nach Abb. 2 schreibt man dann den Vektor in der Polarform wie folgt

$$\mathfrak{A} = A\,(\cos\alpha + j\sin\alpha)$$

oder mit Hilfe des Moivreschen Satzes[1])

$$\cos\alpha \pm j\sin\alpha = e^{\pm j\alpha} \quad \dots\dots\dots\dots \quad (2)$$

$$\mathfrak{A} = A\,e^{j\alpha}, \quad \dots\dots\dots\dots\dots \quad (3)$$

worin e bekanntlich die Grundzahl des natürlichen Logarithmus bedeutet.

Der Zusammenhang zwischen den beiden Darstellungsarten ergibt sich aus obiger Gleichung sofort zu

$$\left.\begin{aligned} a_1 &= \cos\alpha \\ a_2 &= \sin\alpha \end{aligned}\right\}\ \operatorname{tg}\alpha = \frac{a_2}{a_1} \quad \dots\dots\dots \quad (4)$$

$$A = |\mathfrak{A}| = \sqrt{a_1^2 + a_2^2} \quad \dots\dots\dots \quad (5)$$

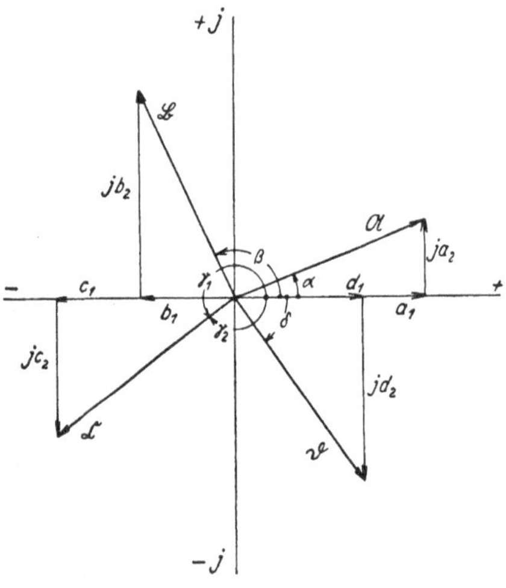

Abb. 3. Vektoren in den vier Quadranten.

Der Richtungswinkel α, häufig auch als Argument bezeichnet, kann alle Werte von 0 bis 360⁰ durchlaufen. Er kann, wie erwähnt, auch negativ sein und ist dann im Sinne des Uhrzeigers zu zählen. Es kann also statt α stets auch der Winkel $-\beta = 360 - \alpha$ gewählt werden.

Ein Vektor in den vier Quadranten stellt sich dann nach Abb. 3 durch folgende Beziehungen dar:

$$\mathfrak{A} = \quad a_1 + j\,a_2 = A\,e^{j\alpha}$$

$$\mathfrak{B} = -b_1 + j\,b_2 = B\,e^{j\beta}$$

$$\mathfrak{C} = -c_1 - j\,c_2 = C\,e^{j\gamma_1} = C\,e^{-j\gamma_2}$$

$$\mathfrak{D} = \quad d_1 - j\,d_2 = D\,e^{-j\delta}.$$

II. Zeitvektoren.

Wie kommen wir nun in der Wechselstromtechnik zu Vektoren und welcher Natur sind diese? Wir haben es bei den periodisch veränderlichen Größen, wie Spannung und Strom, fast immer mit zeitlich sinusförmig sich ändernden Größen zu tun. Das zeitliche Änderungsgesetz hat dann immer die Form[2])

$$a = \overline{A}\sin(\omega t + \alpha_0),$$

---

[1]) Siehe z. B. Hütte, Aufl. 23, S. 47.

[2]) Siehe irgendein Lehrbuch der Elektrotechnik z. B. A. Fraenckel »Theorie der Wechselströme«.

worin

a . . . der Momentanwert,
$\overline{A}$ . . . die Amplitude,
ω . . . die Kreisfrequenz,
t . . . die Zeit und
α_0 . . . die Phasenlage zu Beginn der Zeitzählung

bedeuten. Beispielsweise ist die Wechselspannung

$$u = \overline{U} \sin(\omega t + \alpha_0) \quad . . . . (6)$$

dann in kartesischen Koordinaten im rechten Teil der Abb. 4 dargestellt, indem über dem Winkel ωt der jeweilige Momentanwert u als Ordinate aufgetragen wurde. Derselbe Wert der Spannung wird nach dem Durch-

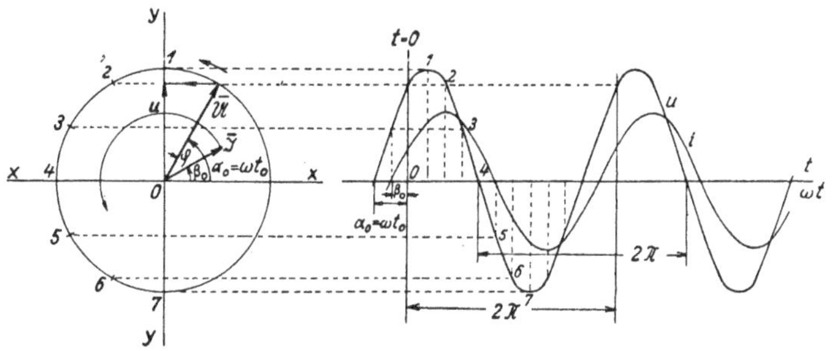

Abb. 4. Vektorielle Darstellung der Sinusschwingung.

laufen einer Schwingung wieder erreicht, das ist nach Vergrößerung des Winkels um 2π oder 360^0. Im Anfangspunkt der Zeitzählung hat die Spannung die Größe

$$u_0 = \overline{U} \sin \alpha_0.$$

An Stelle der kartesischen Darstellung hat sich nun die viel vorteilhaftere Vektordarstellung eingebürgert, die im linken Teil der Abb. 4 angegeben ist. Läßt man nämlich einen Vektor $\mathfrak{U}$, der den Maximalwert der Spannung verkörpert, im Kreise entgegengesetzt dem Uhrzeigersinn mit der Winkelgeschwindigkeit ω rotieren, so folgt seine Projektion auf die Achse $y - y$ genau dem Sinusgesetz (6), wenn noch seine Ausgangslage um den Winkel α_0 gegen $x - x$ verschoben angesetzt wird. Man kann so direkt die einzelnen Punkte des Vektordiagrammes in das Sinusdiagramm hinüberprojezieren, wie es für die Lagen 1 bis 7 angedeutet ist.

Der so beschriebene Vektor durchläuft die vier Quadranten der Darstellungsebene mit der gleichbleibenden Winkelgeschwindigkeit ω. Seine jeweilige Lage ist durch den der Zeit verhältnisgleichen Winkel $\alpha = \omega t$ bestimmt. Solche Vektoren führen die Bezeichnung **Zeitvektoren**.

In genau der gleichen Weise läßt sich nun eine zweite Wechselstromgröße, etwa der Strom i darstellen. Wir erhalten dann im allgemeinen zwei verschieden große Vektoren, die bei verschiedener Ausgangslage (a_0 und β_0) mit der gleichen Winkelgeschwindigkeit rotieren. Ihre Projektionen auf die y — y-Achse, die wir Zeitlinie nennen wollen, sind die jeweiligen Momentanwerte u und i von Spannung und Strom. Die relative Lage der beiden Vektoren zueinander bleibt dabei unverändert. Sie beträgt $\alpha_0 - \beta_0 = \varphi$ und wird Phasenverschiebung genannt. Man sagt dann »$\mathfrak{J}$ ist gegenüber $\mathfrak{U}$ um den Winkel φ nacheilend« oder »$\mathfrak{U}$ eilt dem $\mathfrak{J}$ um den Winkel φ vor«. Damit ist ausgedrückt, daß u um die dem Winkel φ entsprechende Zeit früher seinen Höchstwert erreicht als i.

Die so definierten Vektoren können jetzt wie folgt in komplexer Form dargestellt werden. Es ist

$$\mathfrak{U} = U\,[\cos(\omega t + \alpha_0) + j \sin(\omega t + \alpha_0)] = U\,e^{j(\omega t + \alpha_0)}$$

und ebenso

$$\mathfrak{J} = J\,e^{j(\omega t + \beta_0)}.$$

Man kann nun leicht zwei und mehrere solcher Vektoren miteinander in Beziehung bringen und ihre gegenseitigen Abhängigkeiten nach den Regeln der komplexen Rechnung darstellen. So ist in unserem Falle z. B.

$$\frac{\mathfrak{U}}{\mathfrak{J}} = \frac{U}{J}\,e^{j(\alpha_0 - \beta_0)} = z\,e^{j\varphi}$$

ein konstanter Vektor (also kein Zeitvektor) mit dem Richtungswinkel φ. Wir haben also zwischen zeitlich konstanten Vektoren mit festem Richtungswinkel und Zeitvektoren zu unterscheiden, die sich mit gleichbleibender Winkelgeschwindigkeit drehen. Für die ersteren wollen wir der Kürze halber die Bezeichnung Operatoren anwenden und eine Begründung hiefür im nächsten Kapitel angeben.

III. Komplexe Vektorrechnung.

a) Grundoperationen.

1. Addition, Subtraktion.

Sind zwei Vektoren $\mathfrak{A}$ und $\mathfrak{B}$ zu addieren, so hat man mit Gl. (1) zu bilden

$$\mathfrak{S} = \mathfrak{A} + \mathfrak{B} = a_1 + j a_2 + b_1 + j b_2 = (a_1 + b_1) + j(a_2 + b_2) = s_1 + j s_2 \quad (6)$$

Die Summierung erfolgt also so, daß man — so wie beim Parallelogramm der Kräfte — die beiden Vektoren einfach aneinanderreiht. In Abb. 5 ist der Vorgang graphisch dargestellt. Für die Rechnung hat man die reellen und die imaginären Teile der die Vektoren darstellenden komplexen Zahlen einzeln zu addieren, wie es ja aus der Gl. (6) abzulesen ist.

Bei der Subtraktion ist der Vorgang ganz ähnlich. Man hat dort zu bilden

$$\mathfrak{D} = \mathfrak{A} - \mathfrak{B} = a_1 + j a_2 - (b_1 + j b_2) = (a_1 - b_1) + j(a_2 - b_2) = d_1 + j d_2 \quad (7)$$

Das gleiche Ergebnis gibt die Überlegung

$$\mathfrak{D} = \mathfrak{A} - \mathfrak{B} = \mathfrak{A} + (-\mathfrak{B}) = a_1 + j a_2 + (-b_1 - j b_2) \quad . \quad . \quad (7a)$$

Man subtrahiert also einen Vektor, indem man den negativen Vektor addiert. Die graphische Ausführung zeigt die Abb. 6.

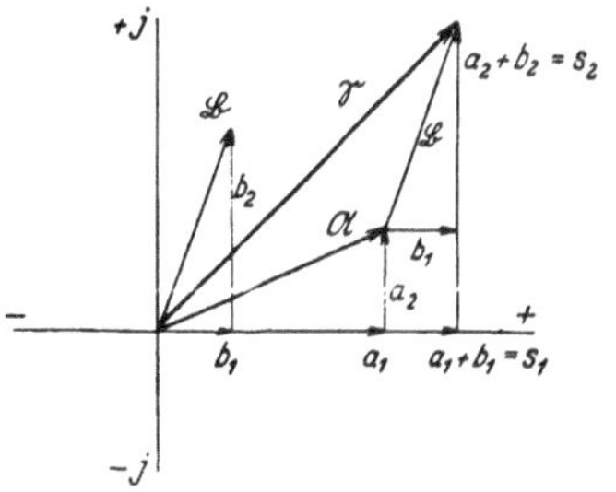

Abb. 5. Addition von Vektoren.

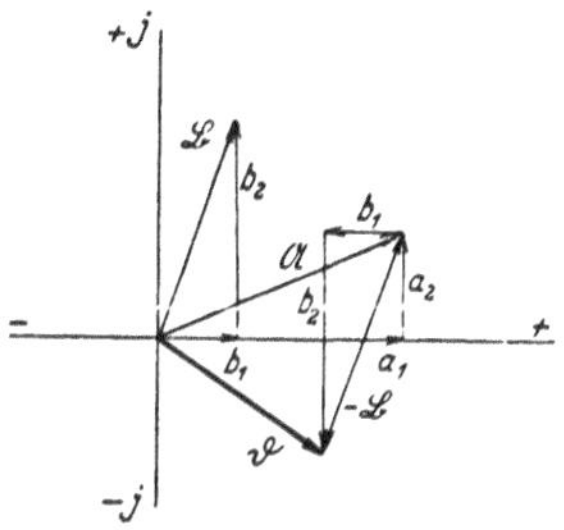

Abb. 6. Subtraktion von Vektoren.

Handelt es sich um mehr als zwei Vektoren, so ist der beschriebene Vorgang fortlaufend zu wiederholen, wobei die Vektoren mit ihrem richtigen Vorzeichen einzusetzen sind. Die Abb. 7 zeigt z. B. die Ermittlung von

$$\mathfrak{A} - \mathfrak{B} + \mathfrak{C} - \mathfrak{D}.$$

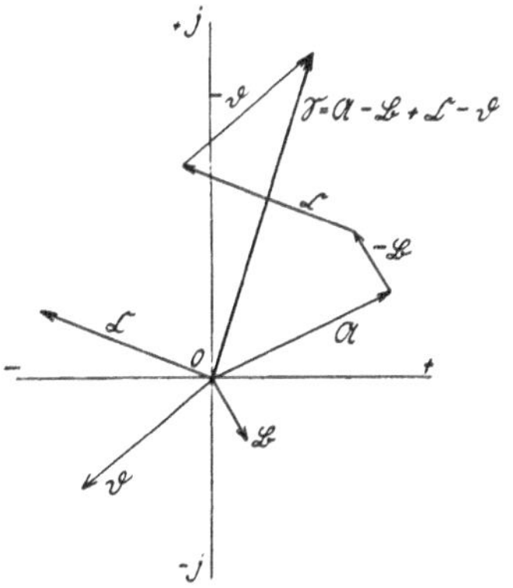

Abb. 7. Mehrfache, algebraische Addition von Vektoren.

Offensichtlich können aber nur Vektoren gleicher Gattung addiert werden, d. h. Zeitvektoren oder Operatoren untereinander. Die Addition (oder Subtraktion) eines konstanten Vektors und eines Zeitvektors würde einen Vektor liefern, der zwar auch von der Zeit, aber nicht mehr nach dem Sinusgesetz der Gl. (6) abhängig ist. Es würde vielmehr eine gegen die Nulllinie verschobene Sinuskurve entstehen, die wir aus unseren Betrachtungen vorläufig ausschließen wollen. Aber auch bei der Addition von Zeitvektoren ist jedesmal dem physikalischen Charakter dieser Größen Rechnung zu tragen, um nicht etwa die Summe zweier physikalisch verschiedener Größen zu bilden (Strom, Spannung).

2. Multiplikation, Division.

Von besonderer Wichtigkeit ist für uns die Multiplikation. Hier ergeben sich die ersten grundlegenden Unterschiede gegenüber den anderen Methoden. Haben wir das Produkt zweier Vektoren zu bilden, so ergibt sich nach Gl. (3)

$$\mathfrak{P} = P e^{j\pi} = \mathfrak{A}\mathfrak{B} = A e^{j\alpha} B e^{j\beta} = A B e^{j(\alpha+\beta)} \quad . \quad . \quad . \quad . \quad (8)$$

Das Bildungsgesetz ist also folgendes: Das Produkt zweier Vektoren ist wieder ein Vektor, dessen Absolutwert gleich ist dem Produkt der Absolutwerte der zu multiplizierenden Vektoren und dessen Argument der Summe der Argumente der zu multiplizierenden Vektoren gleichkommt.

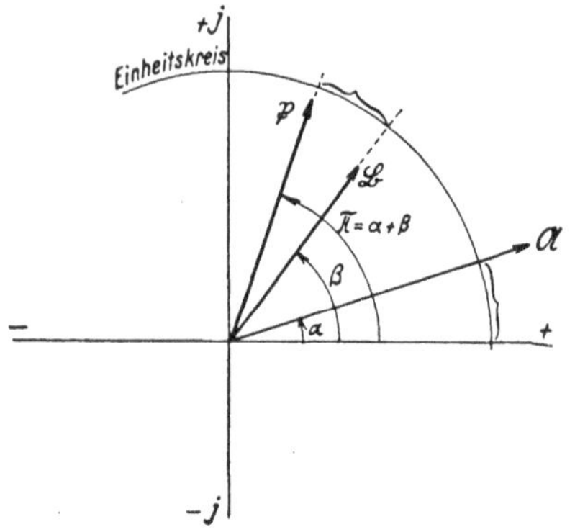

Abb. 8. Produkt zweier Vektoren.

Die praktische Ermittlung des Produktes zeigt die Abb. 8. Das Produkt $P = A B$ der Absolutwerte wird am besten am Rechenschieber ermittelt, während man die Winkelsummierung vorteilhaft auf einem Winkelkreis (Einheitskreis) vornimmt, wie es in der Abbildung angedeutet ist.

Die Gl. (8) läßt nun aber noch eine andere Deutung zu. Schreiben wir das Produkt nochmals mit anderen Vektorbuchstaben etwa in der Form

$$\mathfrak{B} = \mathfrak{d}\mathfrak{A} = d e^{j\delta} A e^{j\alpha} = d A e^{j(\alpha+\delta)} \quad . \quad . \quad . \quad . \quad . \quad . \quad (9)$$

Zur Erörterung des Ergebnisses wollen wir vorerst zwei Sonderfälle betrachten.

Ist beispielsweise $\delta = 0$, also $\mathfrak{d} = d$ reel, so wird $\mathfrak{B} = d A e^{j\alpha} = d\mathfrak{A}$. Der neu zu bildende Vektor $\mathfrak{B}$ fällt also mit dem früheren $\mathfrak{A}$ zusammen und ist nur in der Größe von diesem verschieden. $\mathfrak{A}$ hat also eine Streckung (Verkürzung) nach Maßgabe von d erhalten.

Ist im zweiten Falle $d = 1$, so wird $\mathfrak{B} = \mathfrak{A} e^{j\delta} = A e^{j(\alpha+\delta)}$. Jetzt ist der ursprüngliche Vektor $\mathfrak{A}$ der Größe nach gleichgeblieben, hat aber eine Verdrehung um den Winkel δ erfahren.

Im Allgemeinfalle der Gl. (9) wird der Vektor $\mathfrak{A}$ nach Maßgabe des Absolutwertes und des Argumentes von $\mathfrak{d}$ gedreht und gestreckt; wir sprechen von der sog. Drehstreckung, die in der Ortskurventheorie eine wichtige Rolle spielt. Jede Multiplikation eines Vektors mit einer komplexen Zahl hat also eine Drehstreckung des Vektors zur Folge.

Unter den Sonderfällen, in denen $d = 1$ ist, sind nun weitere fünf ausgezeichnete Werte zu verzeichnen, nämlich

$$
\begin{aligned}
\delta &= 180^0, & \mathfrak{d} &= e^{j\,180} &&= -1\\
\delta &= +\;90^0, & \mathfrak{d} &= e^{j\,90} &&= +j\\
\delta &= -\;90^0, & \mathfrak{d} &= e^{-j\,90} &&= -j\\
\delta &= +120^0, & \mathfrak{d} &= e^{j\,120} &&= -\frac{1}{2}+j\frac{1}{2}\sqrt{3}=a\ ^{1})\\
\delta &= -120^0, & \mathfrak{d} &= e^{-j\,120} &&= -\frac{1}{2}-j\frac{1}{2}\sqrt{3}=a^2\ ^{1}).
\end{aligned}
$$

Durch Multiplikation eines Vektors $\mathfrak{A}$ mit -1, $+j$, $-j$ wird also dieser Vektor um 180^0, $+90^0$, -90^0 verdreht. Ein dem Vektor $\mathfrak{A}$ beispielsweise um 90^0 nacheilender Vektor wird also dargestellt durch $-j\mathfrak{A}$.

Sind mehr als zwei Vektoren miteinander zu multiplizieren, so bildet man sinngemäß den Produktvektor, indem man das Produkt der Absolutwerte der zu multiplizierenden Teilvektoren unter der algebraischen Summe ihrer Richtungswinkel aufträgt. Es ist dabei natürlich auch möglich, das Produkt der Absolutwerte graphisch zu ermitteln. Der Praktiker wird aber wohl eine Berechnung mit dem Rechenschieber in den meisten Fällen vorziehen.

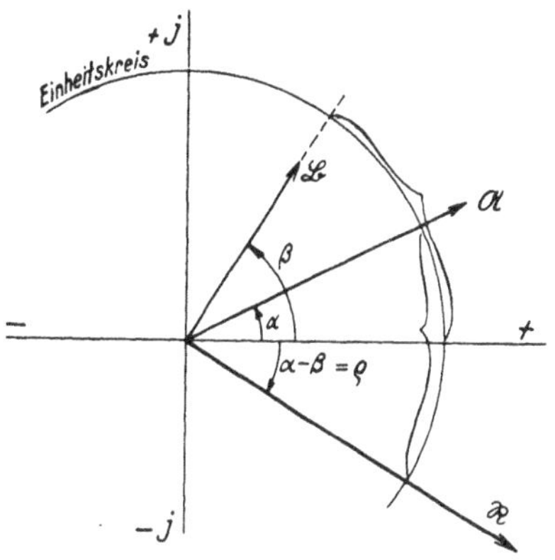

Abb. 9. Division zweier Vektoren.

Der Multiplikation als Umkehrung verwandt gestaltet sich die Division. Ist der Quotient aus $\mathfrak{A}$ und $\mathfrak{B}$ zu bilden, so liefert

$$\mathfrak{R} = R\,e^{j\,\varrho} = \frac{\mathfrak{A}}{\mathfrak{B}} = \frac{A\,e^{j\,\alpha}}{B\,e^{j\,\beta}} = \frac{A}{B}\,e^{j\,(\alpha-\beta)} \quad \ldots\ldots \quad (10)$$

sofort die Anweisung zur Ermittlung von $\mathfrak{R}$. Man hat jetzt den Quotienten der Absolutwerte zu bilden und über der Differenz der Richtungswinkel aufzutragen. Die Abb. 9 zeigt die praktische Durchführung der Division.

Als Sonderfall von besonderer Bedeutung müssen wir die Bildung des reziproken Wertes eines Vektors behandeln. Es wird

$$\mathfrak{R} = \frac{1}{\mathfrak{A}} = \frac{1}{A\,e^{j\,\alpha}} = \frac{1}{A}\,e^{j\,(-\alpha)} = \mathfrak{A}_i \quad \ldots\ldots \quad (11)$$

[1]) Diese beiden Fälle werden vor allem bei der Rechnung mit symmetrischen Komponenten verwendet. Siehe Oberdorfer, G., »Das Rechnen mit symmetrischen Komponenten«. B. G. Teubner, Mathematisch-physikalische Lehrbücher, Band 26, Leipzig 1929.

Der neue Vektor ist, wie das Argument zeigt, spiegelbildlich zum früheren angeordnet (s. Abb. 10); sein Absolutwert ist dem reziproken Absolutwert des ersten Vektors gleich. Die Verwandtschaft nach reziproken Vektoren wird bekanntlich Inversion genannt. Entgegen der normalen Definition ist hier aber zu beachten, daß der invertierte Vektor nicht phasengleich zum ursprünglichen, sondern mit negativem Winkel, also spiegelbildlich zu ihm angeordnet ist. Trotzdem wollen wir in Hinkunft einfach von Inversion[1]) sprechen und dabei diese Eigentümlichkeit der komplexen Vektoren im Auge behalten.

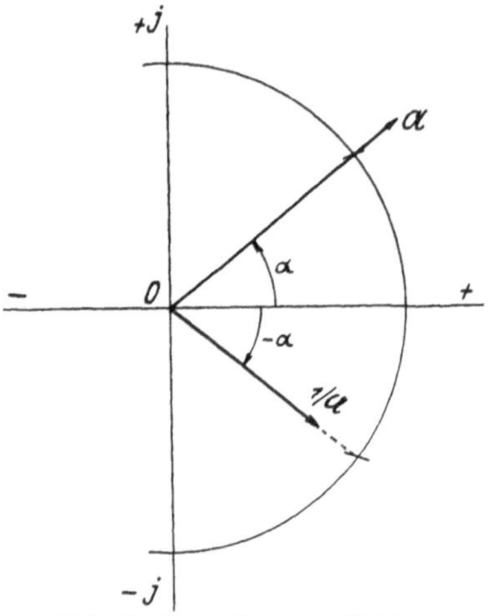

Abb. 10. Inversion eines Vektors.

Nach dem bisher Beschriebenen bereitet es nun keine Schwierigkeiten mehr, das allgemeine Produkt

$$\mathfrak{P} = \frac{\mathfrak{A}\mathfrak{B}\ldots\mathfrak{O}}{\mathfrak{R}\mathfrak{S}\ldots\mathfrak{Z}} = \frac{A\,B\ldots O}{R\,S\ldots Z}\,e^{j(\alpha+\beta+\ldots+\Omega-\varrho-\sigma\ldots-\zeta)}$$

darzustellen. Der Absolutwert wird wieder am vorteilhaftesten mit dem Rechenschieber berechnet, während sich das Argument aus der algebraischen Summe der Richtungswinkel am besten zeichnerisch bestimmen läßt.

Wir müssen noch ein Wort über das Verhalten der beiden Vektorgruppen bei der Multiplikation sagen. In der Wechselstromtechnik haben wir es in den Vektordiagrammen mit Zeitvektoren zu tun (Strom, Spannung). Das Produkt eines Zeitvektors (etwa der Strom $\mathfrak{J}$) mit einem Operator (etwa die Impedanz $\mathfrak{z}$)

$$\mathfrak{J}\mathfrak{z} = J\,e^{j(\omega t+\varphi)}\,z\,e^{j\xi} = J\,z\,e^{j(\omega t+\varphi+\xi)} = U\,e^{j(\omega t+\psi)} = \mathfrak{U}$$

ist wieder ein Zeitvektor (Spannung) mit der gleichen Winkelgeschwindigkeit. Solche Produkte können also in das ursprüngliche Vektordiagramm ohne weiteres eingeführt werden. Wesentlich anders verhält sich dagegen das Produkt zweier Zeitvektoren oder zweier Operatoren. Das Produkt zweier Zeitvektoren (etwa Strom $\mathfrak{J}$ und Spannung $\mathfrak{U}$)

$$\mathfrak{J}\mathfrak{U} = J\,e^{j(\omega t+\alpha)}\,U\,e^{j(\omega t+\beta)} = J\,U\,e^{j(2\omega t+\alpha+\beta)} = L\,e^{j(2\omega t+\varphi)} = \mathfrak{L}$$

ist zwar wieder ein Zeitvektor (die Scheinleistung $\mathfrak{L}$) aber mit doppelter Winkelgeschwindigkeit. Dieser paßt also nicht mehr in das ursprüng-

[1]) Für eine exakte Bezeichnung wäre vielleicht der Ausdruck »komplexe Inversion« geeignet. Die komplexe Inversion wäre dann das Spiegelbild zur sogenannten hyperbolischen Inversion bezüglich der reellen Achse.

liche Vektordiagramm der $\mathfrak{J}$ und $\mathfrak{U}$ hinein, da seine relative Lage zu den anderen Zeitvektoren mit einfacher Winkelgeschwindigkeit ständig wechselt. Die Behandlung solcher Produkte muß daher gesondert erfolgen. Das Produkt zweier Operatoren ergibt andererseits wieder einen Operator und kann als solcher Verwendung finden. Hier entscheidet der physikalische Charakter des Produktes. Im übrigen ergibt sich die richtige Dimension ja bei der Aufstellung der darzustellenden Gleichung für das jeweilige Wechselstromproblem ganz von selbst.

3. Potenzieren, Radizieren.

Die Regeln für das Multiplizieren und Dividieren liefern sofort auch die Vorschrift für das Potenzieren und Wurzelziehen.

Ist etwa die $n$te Potenz von $\mathfrak{A}$ zu bilden, so zeigt die Formel

$$\mathfrak{P} = \mathfrak{A}^n = (A\, e^{j\alpha})^n = A^n\, e^{jn\alpha}, \quad \ldots\ldots\ldots \quad (12)$$

daß man die $n$te Potenz des Absolutwertes unter dem $n$fachen Winkel aufzutragen hat.

Umgekehrt ist bei der $n$ten Wurzel

$$\mathfrak{R} = \sqrt[n]{\mathfrak{A}} = (A\, e^{j\alpha})^{\frac{1}{n}} = \sqrt[n]{A}\, e^{j\frac{\alpha}{n}} \quad \ldots\ldots\ldots \quad (13)$$

der Richtungswinkel in n-gleiche Teile zu teilen und die $n$te Wurzel aus dem Absolutwert zu ziehen. Dies gilt vorerst nur für Operatoren. Das Potenzieren und Radizieren von Zeitvektoren kommt für unsere Zwecke nicht in Frage und sei daher nicht besprochen.

b) Der Differentialquotient.

Von besonderer Wichtigkeit für unsere Zwecke ist der Differentialquotient eines Zeitvektors nach der Zeit und das Zeitintegral desselben. So haben wir es ja bei fast jedem Wechselstromproblem mit zeitlichen Änderungen von Strom und Spannung zu tun. Für Operatoren (in der Wechselstromtechnik meist Widerstände) kommt wegen ihres konstanten Argumentes ein Differentialkalkül nicht in Frage. Als Beispiel, an dem wir auch das allgemeine Gesetz ableiten wollen, diene die Spannung, die an einer Drosselspule mit der Induktivität L auftritt, wenn sie von einem Strom $\mathfrak{J}$ durchflossen wird. Diese ist bekanntlich $L\,\frac{d\mathfrak{J}}{dt}$. Wenn wir für unsere Zwecke vorläufig vom Proportionalitätsfaktor L absehen, haben wir also zu bilden

$$\frac{d\mathfrak{J}}{dt} = \frac{d}{dt}(J\, e^{j\omega t}) = j\,\omega\, J\, e^{j\omega t} = j\,\omega\,\mathfrak{J}.$$

Die Gleichung

$$\frac{d\mathfrak{A}}{dt} = j\omega\mathfrak{A} \quad \ldots \ldots \ldots \ldots \quad (14)$$

ist also das allgemeine Bildungsgesetz beim Differenzieren in der komplexen Schreibart. Es verschwinden damit die Differentialquotienten überhaupt, so daß sich die Rechenarbeit ganz wesentlich vereinfacht. Die Spannung an der Drosselspule ist also durch den einfachen Ausdruck $j\omega L\mathfrak{J}$ bestimmt.

Aus Gl. (14) ergibt sich sofort

$$\int \mathfrak{A}\, dt = \frac{1}{j\omega} \int d\mathfrak{A} = \frac{\mathfrak{A}}{j\omega} \quad \ldots \ldots \ldots \quad (15)$$

das Zeitintegral einer komplexen Größe. Wir brauchen dieses bei der Berechnung der Spannung an einem Kondensator, wie im nächsten Abschnitt noch näher erläutert werden soll.

Wichtig ist das Ergebnis, daß man beim Differenzieren und Integrieren von Zeitvektoren wieder Zeitvektoren erhält, die die gleiche Winkelgeschwindigkeit besitzen und daher in das ursprüngliche Vektordiagramm ohne weiteres eingesetzt werden können.

c) Anwendung der komplexen Rechnung auf die Grundgesetze der Wechselstromtechnik.

Die in den Wechselstromproblemen meistens gesuchten Größen sind Strom und Spannung. Ihr funktioneller Zusammenhang ergibt sich durch eine Anordnung von Widerständen in irgendeiner Zusammensetzung und Schaltung. Nach unserer Definition sind dabei Strom und Spannung Zeitvektoren, während die Widerstände als Operatoren aufzufassen sind. Die wichtigsten Gesetze, die zur Lösung der Aufgabe herangezogen werden, sind das Ohmsche und die Kirchhoffschen Gesetze. Da das vorliegende Buch ja kein Lehrbuch der Elektrotechnik sein will, wollen wir es mit diesen wichtigsten Grundgesetzen bewenden lassen. Es ist im übrigen erstaunlich, wie umfassend deren Anwendungsbereich in der Wechselstromtechnik ist.

Um in der Anwendung der komplexen Rechnung in der Praxis von Fehlern möglichst bewahrt zu bleiben — und es schleichen sich bei oberflächlichen Ansätzen vor allem leicht Vorzeichenfehler ein —, wollen wir uns ein tunlichst einfaches Schema für die Vorzeichengabe und Spannungsbezeichnung festlegen. Das Schema entwickeln wir am besten an Hand von Beispielen, die so einfach wie möglich gehalten sind.

Wir nehmen an, daß eine Spannung $\mathfrak{U}$ einem Stromkreis aufgedrückt werde, der nur aus Ohmschem Widerstand besteht und fragen nach dem Strom $\mathfrak{J}$, der durch diesen fließt. Wir können dabei unter $\mathfrak{U}$ und $\mathfrak{J}$ in der Folge auch gleich die Effektivwerte verstehen, die ja für unser Arbeitsgebiet stets im festen Verhältnis zu den Höchstwerten stehen.

Zur einwandfreien Bezeichnung dieser und ähnlicher Aufgaben wollen wir wie folgt vorgehen. Wir entwerfen uns vorerst ein sog. Ersatzschaltbild (Abb. 11). Dieses enthält die Schaltung und jene Größen, die das Problem bestimmen. (In unserem Falle also den Widerstand R.) Für die Vektorgrößen (hier also Spannung $\mathfrak{U}$ und Strom $\mathfrak{J}$) werden Richtungspfeile vorgesehen, die lediglich den Zweck haben, anzugeben, in welcher Umlaufrichtung die betreffende Größe positiv gezählt werden soll. Wir wollen ferner festlegen, daß Widerstände in die allgemeine Rechnung stets so eingeführt werden, daß sie bei der zahlenmäßigen Auswertung bloß durch Ziffern zu ersetzen sind, ohne daß dann noch irgendwelche Vorzeichenänderungen vorgenommen werden müßten. Die Beispiele des Buches werden zur Genüge diese Festlegungen erhärten und ihre Zweckmäßigkeit aufzeigen.

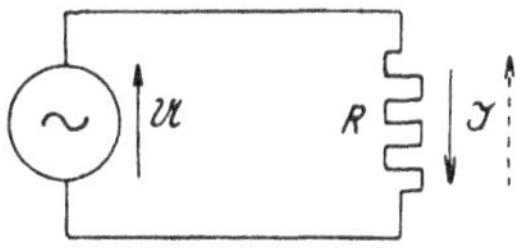

Abb. 11. Stromkreis mit Ohmschem Widerstand.

Wir kehren zu unserer Aufgabe zurück und schreiben, da der Strom, den die Spannung $\mathfrak{U}$ hervorruft, mit dieser gleichgerichtet ist

$$\mathfrak{J} = \frac{\mathfrak{U}}{R}$$

oder

$$\mathfrak{U} - \mathfrak{J} R = \mathfrak{U} + \mathfrak{U}_R = 0, \quad \ldots \ldots \quad (16)$$

worin

$$\mathfrak{U}_R = -\mathfrak{J} R = \mathfrak{J}(-R)$$

gesetzt wurde. $\mathfrak{U}_R$ ist dann die »im Widerstand von $\mathfrak{J}$ erzeugte« Spannung, während $-R$ den ohmschen Widerstand darstellt. Wir können dann sagen, daß in dem geschlossenen Stromkreis nach Abb. 11 die Summe aller Spannungen gleich Null ist. Diese einfachste Formulierung des Kirchhoffschen Gesetzes wollen wir auch für andere Widerstände und Widerstandszusammensetzungen anstreben, da damit die beste Gewähr dafür geschaffen ist, Vorzeichenfehler, die sich durch Einführung von »Generatorspannungen, Netzspannungen, Gegenspannungen, Spannungsabfällen, induzierte Spannungen usw.« leicht einschleichen, zu vermeiden. Wir sagen jetzt einfach:

In jedem geschlossenen Stromkreis muß die Summe aller Spannungen gleich Null sein; also eingeprägte Spannung + erzeugte Spannung im Widerstand $\mathfrak{J}(-R)$ gleich Null. Wäre der Richtungspfeil im Ortsdiagramm Abb. 11 verkehrt angenommen worden, so hätten wir schreiben müssen

$$\mathfrak{U} - \mathfrak{J}(-R) = 0$$

und der Strom $\mathfrak{J}$ wäre im Vektordiagramm verkehrt zu zeichnen gewesen. Bei unserer Fassung des Kirchhoffschen Gesetzes müssen wir also die »algebraische« Summe der Spannungen einführen, wobei sich die Vorzeichen an Hand der willkürlich eingeführten Zählpfeile im Ortsdiagramm ergeben, wenn irgendein Umlaufsinn gewählt wurde. In der Abb. 12 ist dieser einfachste Fall rein Ohmscher Belastung als Vektordiagramm dargestellt.

Als zweites Beispiel soll der Stromverlauf in einem rein **induktiven**

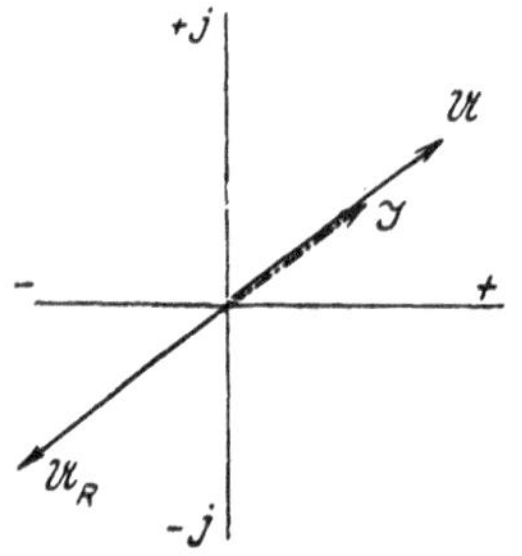

Abb. 12. Vektorbild der rein Ohmschen Belastung.

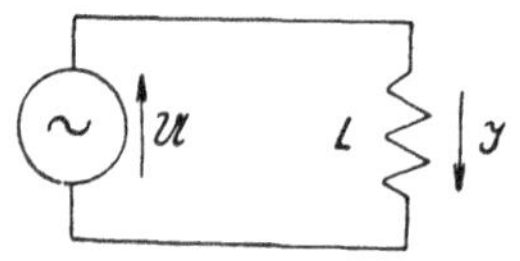

Abb. 13. Stromkreis mit induktivem Widerstand.

Widerstand gewählt werden. Das Ortsdiagramm zeigt die Abb. 13. Der induktive Widerstand ist ωL. Der von der Spannung in diesem hervorgerufene Strom $J = \frac{U}{\omega L}$. Dieser Strom eilt bekanntlich der erzeugenden Spannung um 90^0 nach. In der komplexen Vektordarstellung müssen wir also unter Beachtung der Zusammenstellung auf der S. 15 schreiben

$$\mathfrak{J} = -j \frac{\mathfrak{U}}{\omega L}$$

oder

$$\mathfrak{U} - \mathfrak{J}\, j\,\omega L = \mathfrak{U} + \mathfrak{J}\,(-j\,\omega L) = \mathfrak{U} + \mathfrak{U}_L = 0 \quad . \; . \; . \; (17)$$

Wir können also wieder sagen, daß die Summe der Spannungen Null ist, wobei $\mathfrak{U}_L$ die in der Induktivität »erzeugte« Spannung vorstellt.

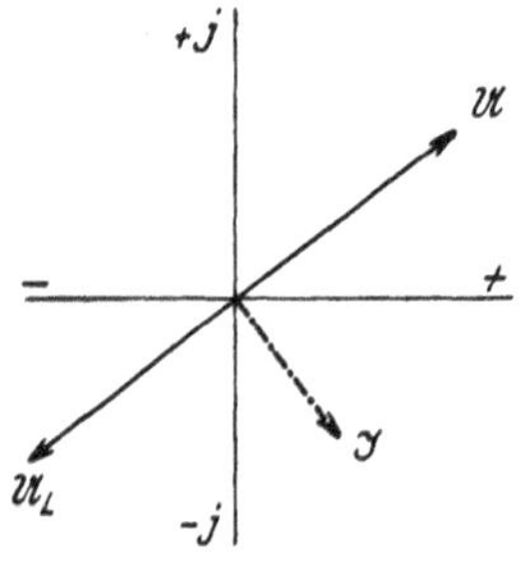

Abb. 14. Vektorbild der rein induktiven Belastung.

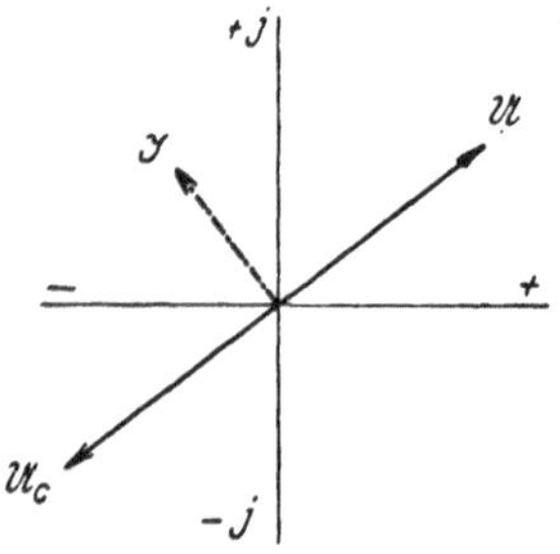

Abb. 15. Vektorbild der rein kapazitiven Belastung.

Der induktive Widerstand ist auf diese Weise durch den Ausdruck $-j\omega L$ gekennzeichnet. Das Vektorbild gibt die Abb. 14.

In genau der gleichen Weise wird bei der rein kapazitiven Belastung und bei Beachtung von Gl. (15)

$$\mathfrak{U} = \int \frac{\mathfrak{J}\, dt}{C} = \frac{1}{C} \frac{\mathfrak{J}}{j\omega}$$

oder

$$\mathfrak{U} - \frac{\mathfrak{J}}{j\omega C} = \mathfrak{U} + j\frac{\mathfrak{J}}{\omega C} = \mathfrak{U} + \mathfrak{U}_C = 0 \quad . \; . \; . \; . \; . \quad (18)$$

Der kapazitive Widerstand stellt sich also durch den Ausdruck $-\frac{1}{j\omega C}$ dar. Das Vektorbild zeigt die Abb. 15.

Stellen wir uns die erhaltenen Ausdrücke für die Widerstände übersichtlich zusammen, so erhalten wir die folgende Tabelle:

Ohmscher Widerstand $-R$	geben $\times\, \mathfrak{J}$ erzeugte Spannnungen + eingeprägte Spannungen = 0.
Induktiver Widerstand $-j\omega L$	
Kapazitiver Widerstand $-\frac{1}{j\omega C} = j\frac{1}{\omega C}$	

Umgekehrt geben die negativ genommenen Reziprokwerte (Leitwerte)

$\frac{1}{R}$	$\times$ der eingeprägten Spannungen, die in den Widerständen im Zählsinn der Spannung fließenden Ströme.
$\frac{1}{j\omega L}$	
$j\omega C$	

Diese drei einfachen Fälle lassen sofort die Behandlung des allgemeinen Grundproblems zu, bei dem alle drei Widerstände vorkommen. Liegt etwa nach dem Schaltbild Abb. 16 eine Serienschaltung vor,

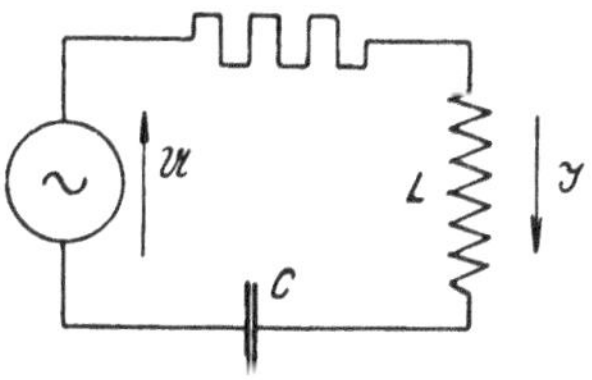

Abb. 16. Serienschaltung von Widerständen.

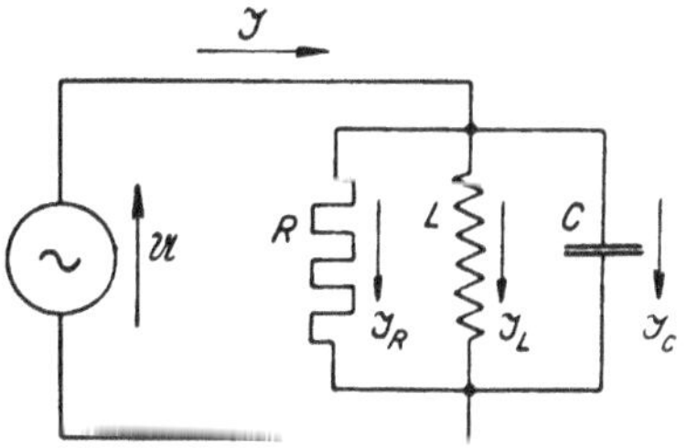

Abb. 17. Parallelschaltung von Widerständen.

dann haben wir in Befolgung unserer bisherigen Rechnungsvorschriften zu schreiben

$$\mathfrak{U} + \mathfrak{J}(-R) + \mathfrak{J}(-j\omega L) + \mathfrak{J}\left(-\frac{1}{j\omega C}\right) = 0$$

oder

$$\mathfrak{U} + \mathfrak{J}\left(-R - j\omega L - \frac{1}{j\omega C}\right) = \mathfrak{U} + \mathfrak{J}\mathfrak{z} = 0, \quad . \; . \; . \quad (19)$$

wobei

$$\mathfrak{z} = -R - j\omega L - \frac{1}{j\omega C} \quad . \; . \; . \; . \; . \; . \; . \; . \; . \quad (20)$$

die Impedanz des Stromkreises genannt wird.

Bei der Parallelschaltung nach Abb. 17 ist

$$\mathfrak{J} = \mathfrak{J}_R + \mathfrak{J}_L + \mathfrak{J}_C = \mathfrak{U}\frac{1}{R} + \mathfrak{U}\frac{1}{j\omega L} + \mathfrak{U}\, j\omega C$$

oder

$$\mathfrak{J} = \mathfrak{U}\left(\frac{1}{R} + \frac{1}{j\omega L} + j\omega C\right) = \mathfrak{U}\mathfrak{l}, \quad . \; . \; . \; . \; . \; . \quad (21)$$

wobei

$$\mathfrak{l} = \frac{1}{R} + \frac{1}{j\omega L} + j\omega C \quad . \; . \; . \; . \; . \; . \; . \; . \; . \quad (22)$$

jetzt die Gesamtleitfähigkeit des Kreises darstellt.

Die Umrechnungsformel von Impedanz auf Leitwert ist an Hand der oben entwickelten Gleichungen sofort angebbar. Sie lautet

für die Serienschaltung

$$\mathfrak{l} = -\frac{1}{\mathfrak{z}} = \frac{1}{R + j\omega L + \frac{1}{j\omega C}} \quad . \; . \; . \; . \; . \; . \; . \; . \quad (23)$$

für die Parallelschaltung

$$\mathfrak{z} = -\frac{1}{\mathfrak{l}} = \frac{1}{-\frac{1}{R} - \frac{1}{j\omega L} - j\omega C} \quad . \; . \; . \; . \; . \quad (24)$$

C. Die Ortskurventheorie.

I. Allgemeines.

Wie es zur Ortskurve kommt, wurde bereits kurz in der Einleitung angedeutet. Wir wollen nun für die Folge voraussetzen, daß die für unsere Zwecke in Betracht kommenden Probleme stets an algebraische und lineare Bedingungsgleichungen zwischen den Zeitvektoren der Wechselstromgrößen geknüpft sind. Die Konstanten des Problems (meistens allgemeine Widerstände) sind dann im allgemeinen komplexe Größen im Sinne unserer Darstellung, von denen die eine oder mehrere parametrisch veränderlich sind. Die zu berechnende Größe, die ja selbst wieder eine komplexe Zahl ist, bestimmt dann als Funktion des Parameters in der Gaußschen Zahlenebene die Ortskurve.

Die allgemeinste Form einer Ortskurve mit einem Parameter ist nach dem Gesagten also durch den Ausdruck

$$\mathfrak{B} = \frac{\sum_0^m p^i \mathfrak{B}_i}{\sum_0^n p^i \mathfrak{W}_i} = \frac{\mathfrak{A} + p\,\mathfrak{B} + p^2\,\mathfrak{C} + \ldots + p^m\,\mathfrak{O}}{\mathfrak{P} + p\,\mathfrak{Q} + p^2\,\mathfrak{R} + \ldots + p^n\,\mathfrak{Z}} \quad \ldots \quad (25)$$

gegeben. Sind zwei oder mehrere Parameter vorhanden, so wird die allgemeine Gleichung recht umständlich. Wir wollen aber eine andere Einteilung vornehmen, da wir nur bis zu den in der Praxis noch häufig zur Anwendung kommenden Kreisscharendiagrammen vordringen wollen. Wir werden dann die Scharendiagramme so ableiten, daß wir die einzelnen, beim Einfachkreisdiagramm als konstant angenommenen Vektoren $\mathfrak{A}$, $\mathfrak{B}$, $\mathfrak{C}$, $\mathfrak{D}$ der Reihe nach mit dem zweiten Parameter veränderlich machen. Dieser Vorgang hat noch den Vorteil, daß wir für die zweite Parameterabhängigkeit eine beliebige, auch nicht lineare Funktion einführen können.

Sind Kurvenscharen höherer Ordnung zu entwerfen, so wird es der praktisch tätige Ingenieur wohl vorziehen, jeden Einzelfall für sich zu behandeln, wozu ihm die Kenntnisse der Kreisscharenermittlung durchaus befähigen. Solche Fälle sind viel zu selten, als daß die Durcharbeit der umständlichen und verwickelten Regeln für die Kurven höherer Ordnung gerechtfertigt erscheint.

II. Einfachdiagramme.

a) Die Gerade.

1. Allgemeinlage der Geraden.

Wenn wir von der allgemeinen Gl. (25) ausgehen, so sehen wir, daß wir als einfachste Form für eine Ortskurve den Ausdruck

$$\mathfrak{G} = \mathfrak{A} + p\,\mathfrak{B} \quad \ldots\ldots\ldots\ldots \quad (26)$$

erhalten. Versuchen wir diese Beziehung in der Abb. 18 graphisch darzustellen! Gegeben sind die beiden Vektorgrößen $\mathfrak{A}$ und $\mathfrak{B}$, während der Parameter p im allgemeinen alle Werte zwischen $-\infty$ und $+\infty$ annehmen kann.

Für $p = 0$ ist der Endpunkt A des Vektors $\mathfrak{A}$ bereits ein Punkt der Ortskurve. Für $p = 1$ haben wir nach den bekannten Regeln die Vektorsumme $\mathfrak{A} + \mathfrak{B}$ zu bilden. Für $p = 2$ ist der Vektor $\mathfrak{B}$ nochmals anzufügen und so für jeden nächst höheren Wert von p fortzusetzen. Wir erhalten schließlich die Gerade $\mathfrak{G}$ als Ortskurve, die eine reguläre

Bezifferung nach dem Parameter p erhält. Für irgendeinen Parameterwert p_i (z. B. $p = + 3$) ist der gesuchte Vektor $\mathfrak{G}_i$ ($\mathfrak{G}_3$) gegeben durch die gerichtete Verbindungsstrecke vom Ursprung O zum mit $i(+3)$ bezeichneten Punkt auf der Geraden $\mathfrak{G}$.

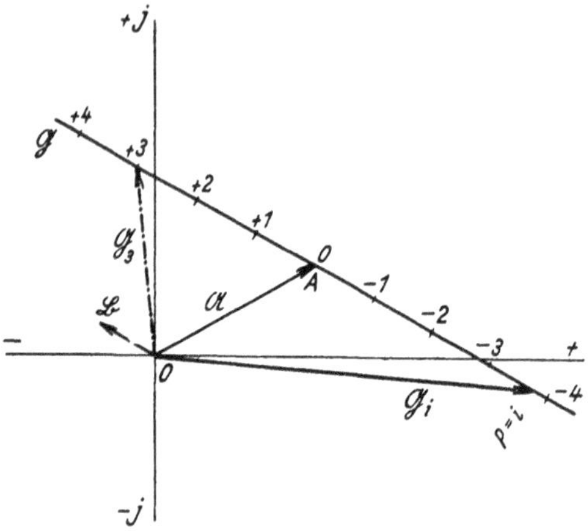

Abb. 18. Die Gerade in Allgemeinlage.

Die Punkte für die Parameterwerte $+\infty$ und $-\infty$ liegen im Unendlichen.

2. Sonderfälle.

α) $\mathfrak{A} = 0$.

Die Gleichung lautet dann

$$\mathfrak{G} = p\,\mathfrak{B} \quad . \quad . \quad (26a)$$

Die regulär bezifferte Gerade geht jetzt durch den Ursprung und hat dort ihren Nullpunkt ($p = 0$)

β) $\mathfrak{A} = m\,\mathfrak{B}$.

$$\mathfrak{G} = \mathfrak{B}\,(m + p) \quad \ldots\ldots\ldots \quad (26b)$$

Haben $\mathfrak{A}$ und $\mathfrak{B}$ gleiches Argument, so ergibt dies wieder eine Gerade durch den Ursprung mit regulärer Skala. Der Nullpunkt der Geraden

$$p = 0; \quad \mathfrak{G}_0 = m\,\mathfrak{B}$$

liegt aber nicht mehr im Ursprunge; der Parameter hat dort vielmehr den Wert $p = -m$

γ) $\mathfrak{B} = \pm B$.

$$\mathfrak{G} = \mathfrak{A} \pm p\,B \quad \ldots\ldots\ldots \quad (26c)$$

Die Gerade liegt parallel zur reellen Achse.

δ) $\mathfrak{B} = \pm j\,B$.

$$\mathfrak{G} = \mathfrak{A} \pm j\,p\,B \quad \ldots\ldots\ldots \quad (26d)$$

Die Gerade liegt parallel zur imaginären Achse.

ε) Bemerkung bezüglich des Parameters.

Ist der Parameter nicht p, sondern irgendeine Funktion von p, so bleibt der Charakter der Gl. (26) ungeändert. Wir haben dann wieder eine Gerade vor uns, die aber bei Bezifferung nach p keine reguläre Skala, sondern eine der Funktion $p = f(p)$ entsprechende erhält.

In der Abb. 19 sind die erwähnten Sonderfälle sowie die Gerade $\mathfrak{G} = \mathfrak{A} + \frac{1}{p}\,\mathfrak{B}$ dargestellt.

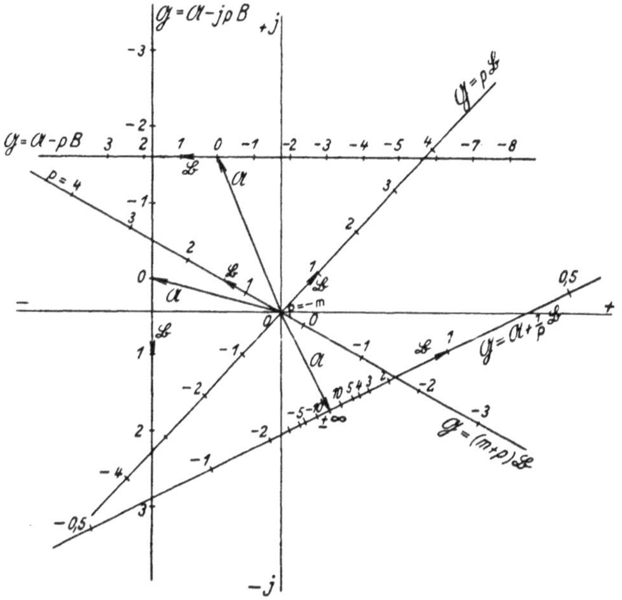

Abb. 19. Sonderfälle der Geraden.

b) Der Kreis.

1. Der Kreis durch den Ursprung.

Eine zweite einfache Form der Entwicklung Gl. (25) ist

$$\mathfrak{K} = \frac{1}{\mathfrak{A} + p\,\mathfrak{B}} \quad \ldots\ldots\ldots\ldots \quad (27)$$

Es ist dies also der reziproke Wert zur Geraden

$$\mathfrak{G} = \mathfrak{A} + p\,\mathfrak{B},$$

also deren Inversion. Bekanntlich ist nun die Inversion einer Geraden ein Kreis durch den Ursprung. Um dies zu zeigen und die dabei auftretenden wertvollen Größenbeziehungen nachzuweisen, soll von den vielen möglichen Verfahren ein einfacher Beweis gebracht werden, der sich vorteilhaft in kartesischen Koordinaten führen läßt.

Benützen wir die Komponentenform der Vektordarstellung, so ist

$$\mathfrak{K} = \frac{1}{\mathfrak{A} + p\,\mathfrak{B}} = \frac{1}{a_1 + j\,a_2 + p\,(b_1 + j\,b_2)} = \frac{1}{(a_1 + p\,b_1) + j\,(a_2 + p\,b_2)} =$$

$$= \frac{a_1 + p\,b_1}{(a_1 + p\,b_1)^2 + (a_2 + p\,b_2)^2} - j\,\frac{a_2 + p\,b_2}{(a_1 + p\,b_1)^2 + (a_2 + p\,b_2)^2}.$$

In kartesischen Koordinaten und Parameterdarstellung ist also

$$x = \frac{a_1 + p\,b_1}{(a_1 + p\,b_1)^2 + (a_2 + p\,b_2)^2}$$

$$y = \frac{a_2 + p\,b_2}{(a_1 + p\,b_1)^2 + (a_2 + p\,b_2)^2}.$$

Man erhält daraus durch Division und Eliminieren des Paramenters

$$p = -\frac{a_2\,x + a_1\,y}{b_2\,x + b_1\,y}.$$

Setzt man dies in der obigen Parameterdarstellung ein, so wird nach einer kleinen Umformung

$$\left(x - \frac{\frac{b_2}{2}}{a_1\,b_2 - a_2\,b_1}\right)^2 + \left(y - \frac{\frac{a_2}{2}}{a_1\,b_2 - a_2\,b_1}\right)^2 = \frac{\left(\frac{a_2}{2}\right)^2 + \left(\frac{b_2}{2}\right)^2}{(a_1\,b_2 - a_2\,b_1)^2}.$$

Das ist bekanntlich die Gleichung eines Kreises durch den Ursprung mit

dem Durchmesser $\frac{\sqrt{a_2^2 + b_2^2}}{a_1\,b_2 - a_2\,b_1}$

und den Mittelpunktskoordinaten $\begin{cases} \xi = \dfrac{\frac{b_2}{2}}{a_1\,b_2 - a_2\,b_1} \\ \eta = \dfrac{\frac{a_2}{2}}{a_1\,b_2 - a_2\,b_1}. \end{cases}$

Es läßt sich nun ein für die praktische Darstellung außerordentlich wichtiger Zusammenhang zwischen dem Kreis und der Nennergeraden

$$\mathfrak{G} = \frac{1}{\mathfrak{K}} = \mathfrak{A} + p\,\mathfrak{B} = (a_1 + p\,a_2) + j\,(b_1 + p\,b_2)$$

nachweisen. Die Gleichung der Nennergeraden in kartesischen Koordinaten ergibt sich aus der Parameterform

$$x = a_1 + p\,a_2$$
$$y = b_1 + p\,b_2$$

zu

$$y = \frac{b_2}{a_2}\,x + \frac{a_2\,b_1 - a_1\,b_2}{a_2}.$$

In der Normalform lautet diese Gleichung

$$\frac{b_2}{\sqrt{a_2^2 + b_2^2}}\,x - \frac{a_2}{\sqrt{a_2^2 + b_2^2}}\,y + \frac{a_2\,b_1 - a_1\,b_2}{\sqrt{a_2^2 + b_2^2}} = 0.$$

Ihr negativer Normalabstand vom Ursprung ergibt sich bekanntlich, wenn man für x und y Null einsetzt. Es ist also

$$n = \frac{a_1 b_2 - a_2 b_1}{\sqrt{a_2^2 + b_2^2}}.$$

Vergleicht man dies mit dem erhaltenen Ausdruck für den Kreisdurchmesser, so sieht man, daß der

Kreisdurchmesser gleich dem reziproken Normalabstand der Nennergeraden

ist. Der Richtungskoeffizient der Nennergeraden ist $\frac{b_2}{a_2}$; der Richtungskoeffizient des Hauptdurchmessers OM des Kreises ergibt sich aus $\frac{\eta}{\xi} = \frac{a_2}{b_2}$ als dessen reziproker Wert mit gleichem Vorzeichen. Der

Hauptdurchmesser des Kreises ist also die Normale zum Spiegelbild der Nennergeraden.

Damit kann aber der Kreis bereits gezeichnet werden, wie dies in der Abb. 20 gezeigt ist. Man zeichnet zuerst die Nennergerade $\mathfrak{G}$ mit ihrer Parametereinteilung und ermittelt ihr Spiegelbild $\mathfrak{G}^*$. Von diesem zieht man die Normale durch den Ursprung O und mißt den Normalabstand ON ab. Hierauf wird der reziproke Wert desselben am Rechenschieber ermittelt und der halbe Wert als Halbmesser OM aufgetragen. Nunmehr kann der Kreis gezeichnet werden. Die Bezifferung nach den Parameterwerten erhält man offenbar, wenn man die Strahlen aus dem Ursprung über die einzelnen Punkte der zur Nennergeraden spiegelbildlichen Geraden zieht, denn diese Strahlen sind ja selbst das Spiegelbild der entsprechenden Strahlen zur Nennergeraden, die ja invertiert werden soll. Es liegt natürlich nichts dagegen vor, zur Bezifferung eine in anderer Entfernung liegende, aber parallele Gerade zu benützen. So ist in der Abbildung beispielsweise eine solche Gerade in doppeltem Abstand mit doppeltem Skalenintervall eingezeichnet. Eine solche Verschiebung wird zur genauen Bezifferung häufig notwendig, wenn das Bezifferungszentrum zu nahe an der Geraden liegt. Wir wollen in Hinkunft diese Gerade die Bezifferungsgerade und die zur Bezifferung führenden Strahlen Bezifferungsstrahlen nennen.

Bei der praktischen Durchführung kann man natürlich auf die Bezifferung der Nennergeraden verzichten und zeichnet dann gleich das Spiegelbild, entweder direkt oder durch Umschlagen des Achsabschnittes OJ nach OJ^*.

Die beschriebene Ermittlung ist nicht die einzig mögliche; es gibt deren eine ganze Reihe. Sie hat sich aber in der Praxis wegen ihrer Einfachheit besonders gut bewährt, da sowohl die zeichnerische Arbeit

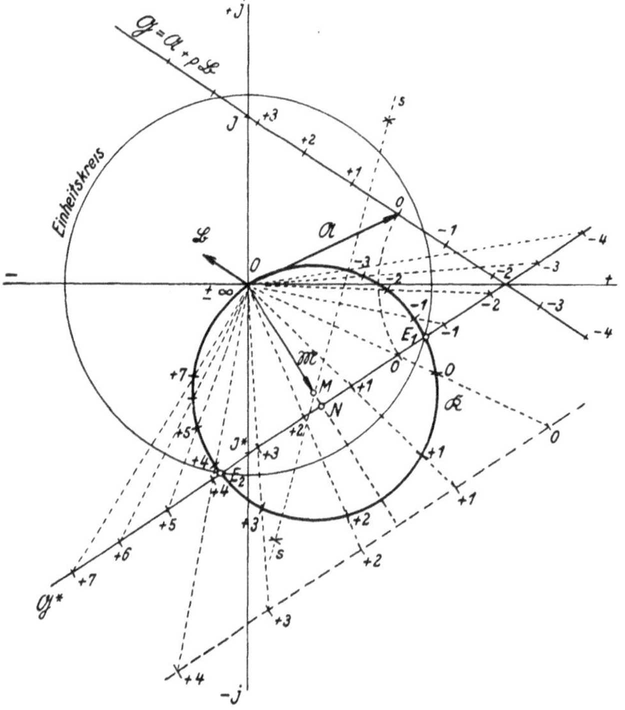

Abb. 20. Der Kreis durch den Ursprung.

Ermittlungsvorschrift für den Kreis durch den Ursprung $\mathfrak{K} = \frac{1}{\mathfrak{A} + p\mathfrak{B}}$.

Hiezu Abb. 20.

1. Zeichnen der Nennergeraden $\mathfrak{G} = \mathfrak{A} + p\,\mathfrak{B}$ ohne Bezifferung;
2. Ermittlung ihres Spiegelbildes $\mathfrak{G}^*$ und Abtragen der Bezifferung;
3. Ziehen der Normalen ON auf $\mathfrak{G}^*$ und Auftragen des halben Reziprokwertes des Normalabstandes ON; ergibt den Kreismittelpunkt M bzw. den Mittelpunktsvektor $\mathfrak{M}$;
4. Zeichnen des Kreises durch O und Beziffern desselben mit Hilfe der Bezifferungsstrahlen und der Bezifferungsgeraden $\mathfrak{G}^*$.

gering und genau genug durchführbar ist, als auch die einzige vorzunehmende Zwischenrechnung am Rechenschieber leicht erfolgen kann.

Liegt der Kreis so, daß er in zwei Punkten den Absolutwert 1 annimmt, so ist noch eine Konstruktion mit Hilfe dieser zwei Punkte von Vorteil. Zeichnet man nämlich den Einheitskreis (das ist der Kreis mit dem Halbmesser 1), so schneidet dieser das Spiegelbild der Nennergeraden in den zwei Punkten E_1 und E_2. Dies sind bereits zwei Punkte des gesuchten Kreises, da der ihnen entsprechende Vektor mit dem Absolutwert 1 bei der Inversion den Wert 1 beibehält. Für den Kreis sind also die Mittelpunktsgerade OM und zwei Punkte O, E_1 oder O, E_2 bekannt, woraus der Kreis nach den bekannten Regeln gezeichnet werden kann

(Symmetrale *s*—*s* zur Ermittlung des Mittelpunktes *M*). Die Bezifferung erfolgt genau so wie früher.

2. Allgemeinlage des Kreises.

Wir wollen nun die Gleichung

$$\mathfrak{K} = \frac{\mathfrak{A} + p\,\mathfrak{B}}{\mathfrak{C} + p\,\mathfrak{D}} \quad \ldots\ldots\ldots\ldots \quad (28)$$

untersuchen. Es fällt vor allem auf, daß dieser Ausdruck bei der Inversion die gleiche Form behält, was uns für spätere Untersuchungen noch sehr zu statten kommen wird.

Führen wir die Division aus, so wird

$$\mathfrak{K} = (p\,\mathfrak{B} + \mathfrak{A}) : (p\,\mathfrak{D} + \mathfrak{C}) = \frac{\mathfrak{B}}{\mathfrak{D}} + \left(\mathfrak{A} - \frac{\mathfrak{B}\,\mathfrak{C}}{\mathfrak{D}}\right) \frac{1}{\mathfrak{C} + p\,\mathfrak{D}}$$

oder

$$\mathfrak{K} = \mathfrak{L} + \mathfrak{N}\,\mathfrak{K}_0 \quad \ldots\ldots\ldots\ldots \quad (29)$$

mit

$$\left.\begin{aligned} \mathfrak{K}_0 &= \frac{1}{\mathfrak{C} + p\,\mathfrak{D}} \\ \mathfrak{L} &= \frac{\mathfrak{B}}{\mathfrak{D}} \\ \mathfrak{N} &= \mathfrak{A} - \frac{\mathfrak{B}}{\mathfrak{D}}\,\mathfrak{C} \end{aligned}\right\} \quad \ldots\ldots\ldots\ldots \quad (29\text{a})$$

Die Beurteilung und Auswertung dieser Gleichung ist nun sehr einfach. $\mathfrak{K}_0$ ist laut Gl. (27) ein Kreis durch den Ursprung. $\mathfrak{L}$ und $\mathfrak{N}$ lassen sich nach den Grundregeln der komplexen Rechnung leicht bestimmen. Es handelt sich also nur mehr um die Ermittlung von $\mathfrak{N}\,\mathfrak{K}_0$. $\mathfrak{K}_0$ ist der Inbegriff aller Vektoren an den Kreis $\frac{1}{\mathfrak{C} + p\,\mathfrak{D}}$. Durch Multiplikation mit $\mathfrak{N} = N e^{j\nu}$ wird jeder dieser Vektoren nach Abschnitt III/a/2 um den Winkel ν verdreht und gleichzeitig nach Maßgabe von N gestreckt. $\mathfrak{N}\,\mathfrak{K}_0$ ist also wieder ein Kreis durch den Ursprung, der aus $\mathfrak{K}_0$ durch Drehstreckung entstanden ist. Für die Ermittlung genügt also die Drehstreckung des Mittelpunktvektors und die Verdrehung der Bezifferungsgeraden. Wie die Gl. (29) aussagt, ist nun an sämtliche Punkte des drehgestreckten Kreises der konstante Vektor $\mathfrak{L}$ hinzuzufügen, was einer geradlinigen Verschiebung des Kreisdiagrammes gleichkommt. Dasselbe wird natürlich auch erreicht, wenn man den Koordinatenursprung um $-\mathfrak{L}$ verschiebt, was vorzuziehen ist, da man dann die sonst ebenfalls notwendige Verschiebung der Bezifferungsgeraden vermeidet.

Die Beziehung (28) stellt also die Gleichung eines Kreises in allgemeiner Lage dar. Für seine Konstruktion können nunmehr kurz folgende Vorschriften aufgestellt werden, die in der Abb. 21 festgehalten werden mögen.

1. Man zeichne die Nennergerade $\mathfrak{G} = \mathfrak{C} + p\mathfrak{D}$ und ihr Spiegelbild $\mathfrak{G}^*$. Dabei erweist es sich von Vorteil, den Ausgangspunkt und die positive Richtung der Parameterteilung vorzumerken, was in der Zeichnung durch eine Null und einen Richtungspfeil angedeutet ist.
2. Man mißt den Normalabstand $(O)N$ und trägt auf der Normalen den halben, reziproken Wert desselben auf. Damit ergibt sich der Mittelpunktsvektor $\mathfrak{M}$ des Ausgangskreises. Bis hieher war die Konstruktion die gleiche wie für den Kreis durch den Ursprung.
3. Man ermittelt $\mathfrak{N} = \mathfrak{A} - \frac{\mathfrak{B}}{\mathfrak{D}}\mathfrak{C}$, wobei zuerst $\frac{\mathfrak{B}}{\mathfrak{D}} = \mathfrak{L}$ bestimmt und angemerkt wird. Dabei verwendet man bei der Übertragung großer Winkel vorteilhaft die Supplementwinkel der vorliegenden Richtungswinkel. So wurde z. B. der Quotient $\frac{\mathfrak{B}}{\mathfrak{D}}$ auf folgende Art und Weise bestimmt. $\mathfrak{D}$ hat einen Richtungswinkel, der etwas größer als 180^0 ist. Man verdreht also $\mathfrak{B}$ vorerst um 180^0 (verlängern nach der anderen Seite) und trägt dort im Uhrzeigersinne noch den Winkel ab, der sich aus dem Richtungswinkel von $\mathfrak{D}$ durch Abzug von 180^0 ergibt ($\widehat{cd} = \widehat{ab}$). Man erreicht damit stets einwandfreie Schnitte mit dem Winkelkreis (Einheitskreis). In gleicher Weise ist bei der Produktbildung $\mathfrak{L}\mathfrak{C}$ vorgegangen worden ($\widehat{gh} = \widehat{ef}$).
4. Der endgültige Kreismittelpunkt ergibt sich jetzt aus der Drehstreckung $\mathfrak{N}\mathfrak{M}$.
5. Man erhält jetzt die Bezifferungsgerade für den Kreis, indem man die Gerade $\mathfrak{G}^*$ um den Richtungswinkel ν von $\mathfrak{N}$ verdreht, was am besten so geschieht, daß man den Punkt N nach $\overline{N}$ auf dem Vektor $\mathfrak{N}\mathfrak{M}$ verdreht und in diesem die Normale auf $\mathfrak{N}\mathfrak{M}$ errichtet. Der Nullpunkt der p-Skala und der Richtungspfeil wird dabei sinngemäß mitgenommen. Nunmehr können die Bezifferungsstrahlen aus (O) gezogen werden. Liegt die Bezifferungsgerade wieder zu nahe dem Ursprung, so kann eine weiter entfernte mit verhältnisgleich vergrößerter Skala gezeichnet werden. (In der Abbildung wurde zur feineren Unterteilung im Bereich $p = 0$ bis $p = -1{,}5$ eine zweite Bezifferungsgerade im dreifachen Abstand gewählt.)
6. Der Ursprung wird um $-\mathfrak{L}$ verschoben. Damit ist das Kreisdiagramm fertig, und es kann für jedes p der zugehörige Vektor $\mathfrak{K}$ gezeichnet werden, wie es in der Abbildung beispielsweise für $p = -1{,}5$ eingetragen ist.

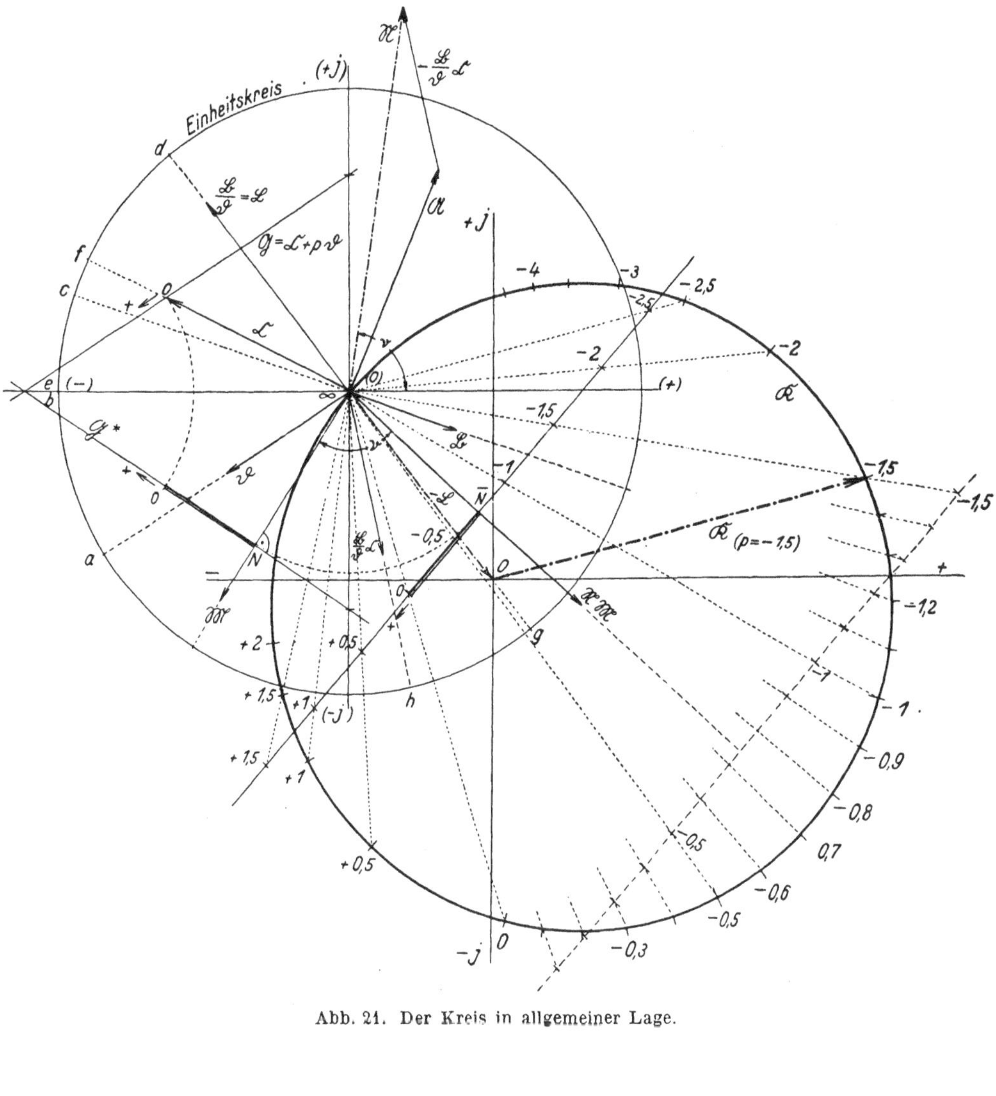

Abb. 21. Der Kreis in allgemeiner Lage.

Ermittlungsvorschrift für den Kreis allgemeiner Lage.

Hiezu Abb. 21.

1. Zeichnen der Nennergeraden $\mathfrak{G} = \mathfrak{C} + p\,\mathfrak{D}$ mit Nullpunkt und Richtungspfeil;
2. Ermittlung des Spiegelbildes $\mathfrak{G}^*$ und des Mittelpunktsvektors $\mathfrak{M}$;
3. Ermittlung von $\mathfrak{L} = \frac{\mathfrak{B}}{\mathfrak{D}}$ und $\mathfrak{N} = \mathfrak{A} - \frac{\mathfrak{B}}{\mathfrak{D}}\,\mathfrak{C}$;
4. Durchführung der Drehstreckung $\mathfrak{N}\mathfrak{M}$ und Zeichnen des Kreises $\mathfrak{K}$;
5. Verdrehen der Bezifferungsgeraden $\mathfrak{G}^*$ in die Normallage zu $\mathfrak{N}\mathfrak{M}$ und Ziehen der Bezifferungsstrahlen;
6. Verschieben des Ursprunges um $-\mathfrak{L}$.

Es gibt noch eine ganze Reihe von Verfahren, das Kreisdiagramm zu zeichnen. Die meisten benützen die Kreispunkte K_0, K_∞ und auch K_1 für $p = 0$, $p = \infty$ und $p = 1$. Es kann damit zwar in manchen Fällen die Kreiskonstruktion selbst vereinfacht werden, dafür wird aber die Ermittlung der Bezifferungsgeraden wieder erschwert. Es sei deshalb von einer Beschreibung anderer Verfahren Abstand genommen, um so mehr als uns das gewählte mit dem Mittelpunktsvektor als Grundlage für die Ermittlung der Kreisscharendiagramme beste Dienste leisten wird.

3. Sonderfälle.

α) $\mathfrak{B} = 0$.

Wir erhalten einen Kreis durch den Ursprung in der Normalform der Gl. (27)

β) $\mathfrak{D} = 0$.

Die Kreisgleichung vereinfacht sich zur Gleichung einer Geraden nach Gl. (26).

γ) $\mathfrak{C} = 0$.

Wir erhalten die Beziehung

$$\mathfrak{K} = \frac{\mathfrak{A} + p\,\mathfrak{B}}{p\,\mathfrak{D}} = \overline{\mathfrak{A}} + t\,\overline{\mathfrak{B}}, \qquad (28a)$$

wobei

$$t = \frac{1}{p}, \quad \overline{\mathfrak{A}} = \frac{\mathfrak{B}}{\mathfrak{D}}, \quad \overline{\mathfrak{B}} = \frac{\mathfrak{A}}{\mathfrak{D}}$$

eingeführt wurde. Der Kreis artet also in eine Gerade aus mit einer reziproken Teilung (s. Sonderfall auf S. 25).

δ) $\mathfrak{A} = m\,\mathfrak{B}$.

Die Kreisgleichung nimmt dann die Form an

$$\mathfrak{K} = \mathfrak{B}\,(m + p)\,\frac{1}{\mathfrak{C} + p\,\mathfrak{D}} \qquad (28b)$$

Das ist ein Kreis durch den Ursprung, wie man sofort sieht, wenn man für $p = -m$ einsetzt. Der Kreis hat also im Ursprung den Parameterwert $-m$.

ε) $\mathfrak{C} = m\,\mathfrak{D}$.

Es wird

$$\mathfrak{K} = \frac{\mathfrak{A} + p\,\mathfrak{B}}{\mathfrak{D}\,(m + p)} = \overline{\mathfrak{A}} + t\,\overline{\mathfrak{B}} \qquad (28c)$$

mit

$$t = \frac{1}{m + p}, \quad \overline{\mathfrak{A}} = \frac{\mathfrak{B}}{\mathfrak{D}}, \quad \overline{\mathfrak{B}} = \frac{\mathfrak{A} - m\,\mathfrak{B}}{\mathfrak{D}}.$$

Das ist also eine allgemeine Gerade mit einer Reziprokteilung, bei der der unendlichferne Punkt den Parameterwert $p = -m$ besitzt. Ist gleichzeitig $\mathfrak{B} = 0$, so geht die Gerade durch den Ursprung und hat dort den Parameterwert ∞.

4. Winkeldarstellung des Kreises.

Es ist noch eine andere Darstellung des Kreisdiagrammes möglich, die in solchen Problemen häufig auftritt, in denen das Argument eines Vektors parametrisch veränderlich ist. Das ist oft der Fall bei Darstellung der Diagramme von Regelsätzen, wo die Winkellage der in den Läuferkreis eingeführten Spannung veränderlich ist oder bei vielen Belastungsproblemen, in denen der Leistungsfaktor die Rolle des Parameters übernimmt.

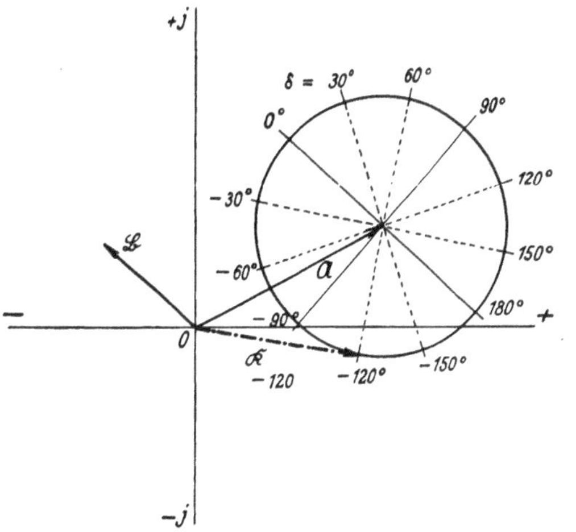

Abb. 22. Winkeldarstellung des Kreises in allgemeiner Lage.

Im allgemeinen lautet die Kreisgleichung in diesem Falle

$$\mathfrak{K} = \mathfrak{A} + \mathfrak{B}\, e^{j\delta}, \quad . \; . \; (30)$$

worin $\mathfrak{A}$ und $\mathfrak{B}$ wieder konstante Vektoren und δ den parametrisch veränderlichen Richtungswinkel vorstellen.

Die Darstellung des Kreisdiagrammes, die an Hand der Abb. 22 beschrieben werden soll, ist äußerst einfach. Man beschreibt mit $|\mathfrak{B}|$ als Halbmesser im Endpunkt des Vektors $\mathfrak{A}$ einen Kreis und bringt auf demselben eine Gradeinteilung an, derart, daß der Nullpunkt derselben im Punkt $\mathfrak{A} + \mathfrak{B}$ liegt. Das Kreisdiagramm ist damit bereits vollständig gezeichnet.

Als Sonderfall liegt der Kreis mit $\mathfrak{A} = 0$ konzentrisch zum Koordinatenursprung.

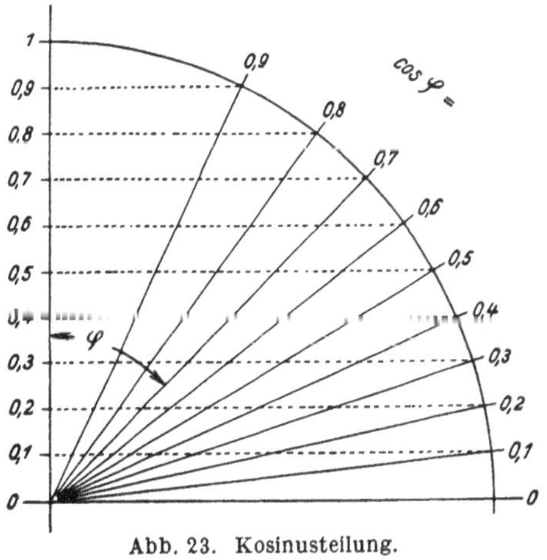

Abb. 23. Kosinusteilung.

Oft ist an Stelle der Winkeleinteilung eine Teilung nach der Kosinusfunktion erwünscht, wenn z. B. der Leistungsfaktor als Parameter auftritt. Die zum $\cos \varphi$ zugehörigen Winkel φ werden dann, wie die Abb. 23 zeigt, am besten so gefunden, daß man einen Einheitskreis zeichnet und auf dem einen Radius eine reguläre Skala 0 bis 1 anbringt. Man schneidet jetzt mit Hilfe von Normalen auf die Skala die $\cos \varphi$-Teilung am Kreisumfang ab und verbindet die so erhaltenen Punkte mit dem Kreismittelpunkt. Der Kosinus der so erhaltenen Winkel φ ist dem jeweiligen Skalenwert gleich, wie man sich leicht überzeugt, wenn man das von der Skala, dem Schnittstrahl und dem Halbmesser — dessen Absolutwert 1 ist — gebildete Dreieck betrachtet.

c) Ortskurven höherer Ordnung.

Wir müssen hier streng unterscheiden zwischen der Ordnung der Kurvengleichung in Ansehung der Potenz des Parameters und der Ordnung der Kurve als solche. So sind beispielsweise

$$\mathfrak{G} = \mathfrak{A} + p^2 \mathfrak{B} \text{ und } \mathfrak{P} = \mathfrak{A} + p\,\mathfrak{B} + p^2 \mathfrak{C}$$

beides Gleichungen zweiten Grades. Während aber die erste die Gleichung einer Geraden vorstellt — wovon man sich sofort durch Anwendung der Substitution $t = p^2$ überzeugt —, ist die zweite die Gleichung einer Parabel, wie noch zu zeigen ist. Im ersten Falle trägt allerdings die Gerade eine quadratische Parameterteilung. Wir können sie eine »Gerade zweiter Ordnung« nennen.

In gleicher Weise ist z. B.

$$\mathfrak{K} = \frac{\mathfrak{A} + p^2 \mathfrak{B}}{\mathfrak{C} + p^2 \mathfrak{D}}$$

ein »Kreis vierter Ordnung« usw.

In allen Fällen, wo nun eine solche Substitution nicht möglich ist, erhalten wir als Ortskurven Kurven höherer Ordnung. Diese eingehender zu besprechen, ginge wohl an Hand einer Einteilung einerseits nach der Ordnungszahl der Kurve und andererseits innerhalb der Ordnung nach weiteren charakteristischen Merkmalen. Es ist klar, daß das zu besprechende Material außerordentlich anwachsen würde, selbst wenn man sich bis auf die Kurven der vierten Ordnung beschränkt. Der Umfang des Buches würde außerordentlich wachsen, der praktische Nutzen aber vergleichsweise gering bleiben. Dies liegt daran, daß der Praktiker einmal nicht allzuoft in die Lage kommt, solche Probleme zu behandeln, zudem aber in einem solchen Falle der Mannigfaltigkeit der Formen halber, wohl stets wieder auf eine neue Gleichungsart stößt, die er erst wieder neu durcharbeiten muß. Während ja das Kreisdiagramm nach mehrmaliger Anwendung meistens in allen Einzelheiten in der Erinnerung haften bleibt, kann dies von den vielen Diagrammen höherer Ordnung unmöglich verlangt werden. Es genügt also wohl für einige wenige Fälle eine Konstruktionsanleitung zu geben; in anderen Fällen ist dann sinngemäß vorzugehen. Will man mehr über eine erhaltene oder darzustellende Kurve wissen, dann bleibt immer noch neben der symbolisch, graphischen Entwicklung ein Studium der Fachliteratur[1]).

Betrachten wir einmal die Gleichung

$$\mathfrak{P} = \mathfrak{A} + p\mathfrak{B} + p^2\mathfrak{C} \quad . \; . \; . \; . \; . \; . \; . \; . \; . \quad (31)$$

Was wir zu tun haben, um diese in ein Vektordiagramm umzudeuten, ist eigentlich in ihr selbst schon enthalten. Wir haben einfach in jedem Punkt der Geraden $\mathfrak{A} + p\mathfrak{B}$ die quadratisch mit dem Parameter veränderliche Strecke $p^2\mathfrak{C}$ hinzuzufügen, wie es in der Abb. 24 mit vollen Linien dargestellt ist. Wir erhalten offensichtlich eine Parabel, für welche also die Gl. (31) den mathematischen Ausdruck liefert. Selbstverständlich ist die Reihenfolge der Aneinanderreihung der einzelnen Glieder auf der rechten Seite der Gl. (31) nebensächlich, so daß auch von der Geraden $A + p^2\mathfrak{C}$ ausgegangen werden kann. Diese Konstruktion ist in der Abbildung strichliert eingetragen.

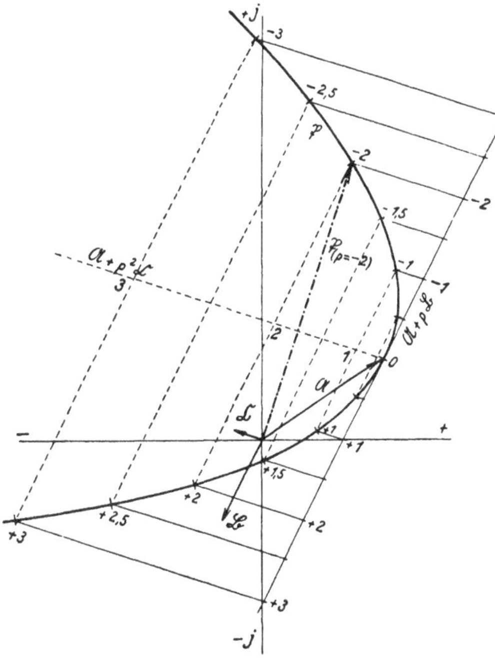

Abb. 24. Die Parabel $\mathfrak{P} = \mathfrak{A} + p\mathfrak{B} + p^2\mathfrak{C}$.

Von Kurven höherer Ordnung sei nur noch ein Beispiel einer Kurve dritter Ordnung angeführt, nur um zu zeigen, welchen Weg man bei solcheu Kurvendarstellungen meistens einschlägt. Von einer Besprechung weiterer Kurven höherer Ordnung sei Abstand genommen; hier kann auf die vorhandene Literatur hingewiesen werden[1]).

Die darzustellende Gleichung laute

$$\mathfrak{B} = \frac{\mathfrak{A} + p\mathfrak{B} + p^2\mathfrak{C}}{\mathfrak{D} + p\mathfrak{E}} \quad . \; . \; . \; . \; . \; . \; . \; . \; . \quad (32)$$

Führt man die Division aus, so wird

$$\mathfrak{B} = \frac{\mathfrak{B} - \frac{\mathfrak{C}}{\mathfrak{E}}\mathfrak{D}}{\mathfrak{E}} + p\frac{\mathfrak{C}}{\mathfrak{E}} + \left(\mathfrak{A} - \frac{\mathfrak{B} - \frac{\mathfrak{C}}{\mathfrak{E}}\mathfrak{D}}{\mathfrak{E}}\mathfrak{D}\right)\frac{1}{\mathfrak{D} + p\mathfrak{E}}$$

[1]) Siehe z. B.: E. Beutel, »Algebraische Kurven.« Sammlung Göschen. Bd. 436 (mit ausführlichem Literaturverzeichnis).

oder
$$\mathfrak{B} = \mathfrak{R} + p\,\mathfrak{S} + \mathfrak{T}\,\mathfrak{K}_0 \quad \ldots \ldots \ldots \quad (32\,\mathrm{a})$$

mit

$$\left.\begin{aligned}
\mathfrak{S} &= \frac{\mathfrak{C}}{\mathfrak{E}} \\[4pt]
\mathfrak{R} &= \frac{\mathfrak{B} - \mathfrak{S}\,\mathfrak{D}}{\mathfrak{E}} \\[4pt]
\mathfrak{T} &= \mathfrak{A} - \mathfrak{R}\,\mathfrak{D} \\[4pt]
\mathfrak{K}_0 &= \frac{1}{\mathfrak{D} + p\,\mathfrak{E}}
\end{aligned}\right\} \quad \ldots \ldots \ldots \quad (32\,\mathrm{b})$$

Wenn wir also vorerst von $\mathfrak{R}$ absehen — was einfach wieder zu einer Verschiebung des Ursprunges um $-\mathfrak{R}$ führt —, haben wir zum

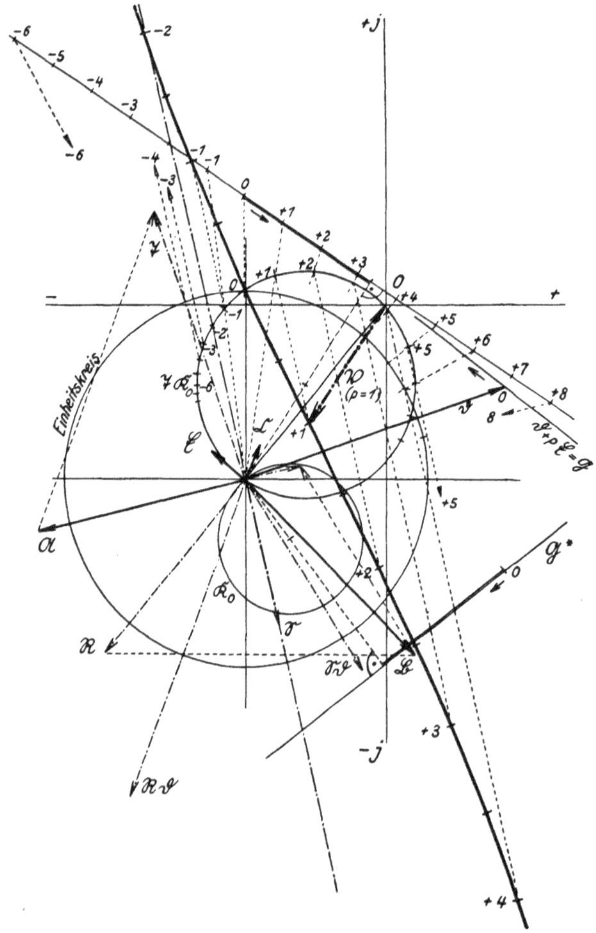

Abb. 25. Darstellung der zirkularen Kubik $\mathfrak{B} = \dfrac{\mathfrak{A} + p\,\mathfrak{B} + p^2\mathfrak{C}}{\mathfrak{D} + p\,\mathfrak{E}}$.

Kreis $\mathfrak{K} = \mathfrak{T}\mathfrak{K}_0$ in jedem Punkt die Strecke $p\mathfrak{S}$ anzufügen. Das ergibt die in der Abb. 25 dargestellte Konstruktion, zu der wohl nichts mehr hinzugefügt zu werden braucht, es sei denn die Erkenntnis, daß für $p = \infty$, $\mathfrak{B} = \mathfrak{R} + p\mathfrak{S} = \infty$ wird und die entsprechenden Punkte der gesuchten Kurve im Unendlichen liegen, wobei die Gerade $\mathfrak{R} + p\mathfrak{S}$ also zur Asymptote der Kurve wird.

III. Scharendiagramme.

a) Einige Hilfsbegriffe.

1. Drehstreckung.

α) Drehstreckung eines Vektors.

Das wichtigste hierüber wurde bereits bei der Besprechung der komplexen Multiplikation auf S. 14 gesagt. Wir wollen nochmals festhalten, daß bei der Multiplikation eines Vektors mit einer komplexen Zahl (Drehstrecker) dieser Vektor eine Veränderung erleidet, die sowohl seine Richtung als auch seine Größe betrifft. Man erhält den neuen, drehgestreckten Vektor, indem man zum Richtungswinkel des Ausgangsvektors das Argument des Drehstreckers im algebraisch richtigen Sinne addiert und die Absolutwerte beider Vektoren miteinander multipliziert.

β) Drehstreckung einer Ortskurve.

Ebenso wie beim Vektor kann man nun auch bei irgendeiner allgemein gelegenen Ortskurve von einer Drehstreckung sprechen, wenn der mathematische Ausdruck derselben mit einer komplexen Zahl multipliziert werden soll. Tatsächlich ist ja die Ortskurve nichts anderes als die Verbindungslinie der Endpunkte einer unendlichen Reihe von Vektoren. Die Multiplikation mit einer komplexen Zahl bedeutet dann eben, daß jeder dieser Vektoren multipliziert, also drehgestreckt werden soll. Die Endpunkte der neuen Vektoren liefern dann wieder eine Ortskurve, die jetzt aus der ersten durch »Drehstreckung« hervorgegangen ist.

Der beschriebene Vorgang, jeden einzelnen Vektor drehzustrecken, wird im allgemeinen bei verwickelteren Ortskurven der am einfachsten und raschesten zum Ziele führende Weg sein. Wir haben ja nur dieselbe Kurve in vergrößerter oder verkleinerter Form unter einem anderen Winkel aufzutragen. Handelt es sich nur um die eine Kurve, so kann man natürlich noch einfacher das Koordinatensystem um den entgegengesetzten Winkel verdrehen und den Maßstab der Darstellung entsprechend ändern. Das letztere ergibt aber bei der praktischen Durchführung wohl meist unbrauchbare Maßstabkennwerte.

Für unsere Zwecke ist weniger die Drehstreckung allgemeiner Kurven, als vielmehr die der Geraden und des Kreises von Wichtigkeit, da wir diesen bei der Ermittlung der Scharendiagramme häufig begegnen werden.

γ) *Drehstreckung der Geraden.*

Ist die Gerade $\mathfrak{G} = \mathfrak{A} + p\mathfrak{B}$ mit der komplexen Zahl $\mathfrak{S}$ zu multiplizieren, so könnte man nun so vorgehen, daß man irgendeinen Vektor $\mathfrak{G}_i$ der Geraden für $p = i$ der Drehstreckung unterzieht und hierauf die neue Gerade unter demselben Winkel ansetzt. Diese Konstruktion erfordert zwei Winkelübertragungen und die störende Einzeichnung zweier Winkelkreise in der Zeichenebene. Besser und für unsere späteren Entwicklungen brauchbarer ist das in der Abb. 26 dargestellte Verfahren. Bei diesem wählt man für die Drehstreckung den Normal-

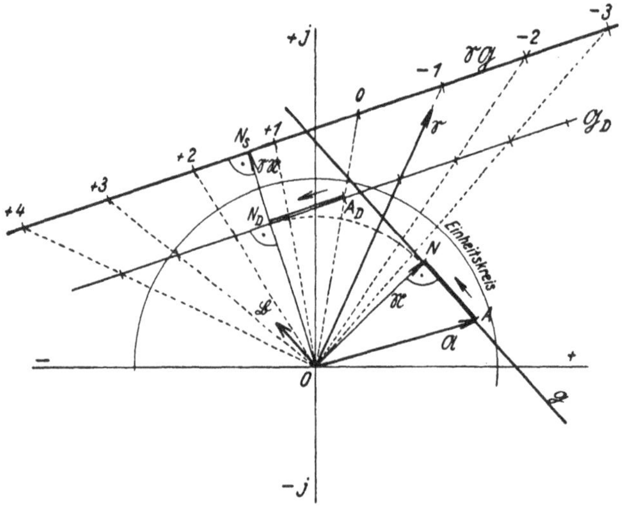

Abb. 26. Drehstreckung der Geraden.

vektor $\mathfrak{N}$ der Geraden, zeichnet $\mathfrak{S}\mathfrak{N}$ und normal darauf die neue Gerade $\mathfrak{S}\mathfrak{G}$. Zur Bezifferung nimmt man die Gerade $\mathfrak{G}$ bei der Verdrehung ohne Größenänderung mit und erhält so die Bezifferungsgerade $\mathfrak{G}_D$. Der Nullpunkt der Skala ergibt sich durch Übertragen des Abstandes $N_D A_D = NA$ des Endpunktes des Vektors $\mathfrak{A}$ vom Normalenpunkt N. Um Verwechslungen zu vermeiden, hat es sich ferner, wie schon an anderer Stelle vermerkt wurde, als vorteilhaft erwiesen, die Richtung des Teiles für positive Parameterwerte durch einen Pfeil zu kennzeichnen. Es wird dies besonders dann wertvoll, wenn mehrere Drehungen und Spiegelungen hintereinander vorzunehmen sind, die Bezifferung aber erst in der letzten Lage der Geraden durchgeführt zu werden braucht. Es ist dann bei der praktischen Durchführung gar nicht notwendig, alle Bezifferungsstrahlen zu zeichnen, sondern es genügt etwa die Ermittlung der Einheitsstrecke 0—1, die dann auf der Geraden einfach abgetragen wird.

δ) *Drehstreckung des Kreises.*

Ist ein Kreis mit der komplexen Zahl $\mathfrak{S}$ (Operator) zu multiplizieren — ein Fall, der uns ja als Sonderfall eines Kreises durch den Ursprung bereits bei der Besprechung des allgemeinen Kreisdiagrammes bei der Gl. (29) in der Form $\mathfrak{N}\mathfrak{K}_0$ untergekommen ist —, so bestimmt man vor allem den neuen Mittelpunkt aus $\mathfrak{S}\mathfrak{M}$. In der Abb. 27 ist der Kreis $\mathfrak{K}$ mit der Bezifferungsgeraden $\mathfrak{G}$ als gegeben angenommen. (Die

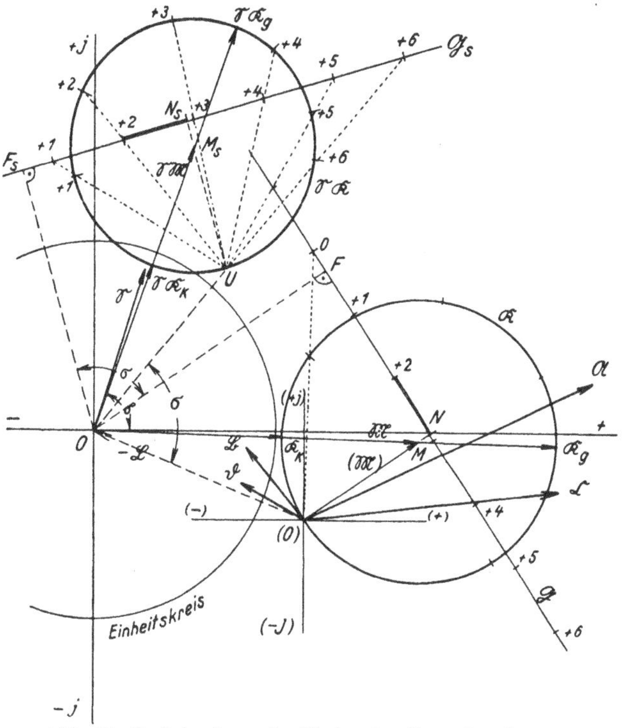

Abb. 27. Drehstreckung des Kreises in allgemeiner Lage.

Konstruktion erfolgt im ursprünglichen, eingeklammerten Koordinatensystem.) Für den drehgestreckten Kreis ist jetzt nur noch ein Peripheriepunkt erforderlich. Man wählt hiefür am besten den größten oder kleinsten Kreisvektor, $\mathfrak{K}_g$ oder $\mathfrak{K}_k$, da diese denselben Richtungswinkel besitzen, wie der Mittelpunktsvektor $\mathfrak{M}$ und bei der Drehstreckung daher nur eine Winkelübertragung gemacht zu werden braucht. Man bildet also $\mathfrak{S}\mathfrak{K}_g$ oder $\mathfrak{S}\mathfrak{K}_k$ und kann bereits den drehgestreckten Kreis zeichnen.

Zur Bezifferung des neuen Kreises ist nun die Bezifferungsgerade $\mathfrak{G}$ mitzudrehen, aber so, daß ihre relative Lage zum Kreis unverändert bleibt. Der Pol, von dem aus die Bezifferungsstrahlen zu ziehen sind (beim ursprünglichen Kreis der alte Ursprung (O)), bleibt dabei auf dem Kreisumfang und gelangt nach U. Er wird erhalten, indem man den Vektor $O\,(O) = \mathfrak{L}$ nach Maßgabe von $\mathfrak{S}$, also um den Winkel σ verdreht und mit dem neuen Kreis zum Schnitt bringt. Wird jetzt die Normale $\overline{OF}$ zu $\mathfrak{G}$ um denselben Winkel verdreht, so steht normal dazu (zu $\overline{OF_s}$) bereits die gedrehte Bezifferungsgerade $\mathfrak{G}_s$. Man hat diese nur im richtigen Abstand vom Punkt U zu zeichnen. Zu diesem Zwecke wird zu OF_s durch U die Parallele gezogen und auf ihr der Abstand $\overline{UN_s} = \overline{(O)N}$ aufgetragen. Die Normale in N_s auf $\overline{OF_s}$ ist die gesuchte Bezifferungsgerade $\mathfrak{G}_s$. Die Einteilung ist dieselbe, wie auf der Geraden $\mathfrak{G}$; der Ausgangspunkt der Teilung ergibt sich wie bereits des öfteren erläutert. (In der Abbildung ist aus zeichnerischen Gründen der Punkt $p = +2$ als Ausgangspunkt der Parameterteilung verwendet, also $\overline{N_s 2} = \overline{N2}$ gemacht worden.)

2. Inversion.

α) *Inversion eines Vektors.*

Die Inversion eines Vektors wurde bereits als Sonderfall der Division ausführlich besprochen. Das Ergebnis ist in der Gl. (11) festgelegt worden. Erinnert sei an dieser Stelle nochmals an die Spiegelung des Vektors, der also mit dem gleichen, aber negativen Richtungswinkel zu zeichnen ist.

β) *Inversion einer Geraden.*

Auch dieser Fall wurde bei der Besprechung des Kreisdiagrammes bereits ausführlich beschrieben. Wir haben gefunden, daß die Inversion einer Geraden ein Kreis durch den Ursprung ist, dessen Halbmesser gleich ist dem halben reziproken Wert des Normalabstandes der Nennergeraden vom Ursprung. Nochmals sei darauf hingewiesen, daß die Bezifferungsgerade durch Spiegelung der gegebenen Geraden entsteht.

Ist umgekehrt ein Kreis durch den Ursprung gegeben, so ist seine Inversion eine Gerade, die man durch Spiegelung der Bezifferungsgeraden erhält, vorausgesetzt, daß diese nicht zwecks Verbesserung der Teilungsermittlung parallel verschoben wurde. Den Normalabstand der reziproken Geraden errechnet sich jedenfalls stets einwandfrei aus dem Mittelpunktsvektor des Kreises.

γ) *Inversion eines Kreises.*

Bildet man den Reziprokwert zur allgemeinen Kreisgleichung Gl. (28), so erhält man mit

$$\mathfrak{K}_i = \frac{1}{\mathfrak{K}} = \frac{\mathfrak{C} + p\,\mathfrak{D}}{\mathfrak{A} + p\,\mathfrak{B}}$$

offensichtlich wieder einen Kreis in allgemeiner Lage. Es frägt sich nun, wie dieser zweite Kreis am besten aus dem gegebenen ersten ermit-

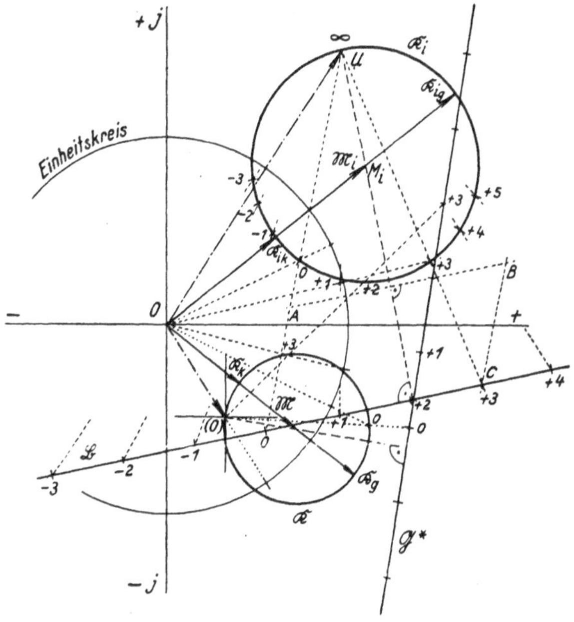

Abb. 28. Die Inversion des Kreises allgemeiner Lage.

Ermittlungsvorschrift für die Inversion des Kreises in allgemeiner Lage.
Hiezu Abb. 28.

1. Ermittlung von $\mathfrak{K}_{ik} = \frac{1}{\mathfrak{K}_g}$ und $\mathfrak{K}_{ig} = \frac{1}{\mathfrak{K}_k}$; liefert $\mathfrak{M}_i$ und $\mathfrak{K}_i$;
2. Einschneiden von U durch Spiegelung von $\overline{O(O)}$;
3. $\overline{AB} \perp \overline{UM_i}$; Auftragen einer abgerundeten Einheitsstrecke AB;
4. $\overline{BC} \parallel \overline{UA}$; $\mathfrak{B} \perp \overline{UM_i}$ durch C;
5. Abtragen der p-Teilung auf $\mathfrak{B}$ und Bezifferung des Kreises $\mathfrak{K}_i$ von U aus.

---

telt wird. Offenbar genügt die Kenntnis dreier Punkte oder besser noch eines Kreispunktes und des Mittelpunktes des neuen Kreises. Für den neuen Mittelpunkt ergibt sich leicht eine Bestimmungsgleichung, wenn man wieder den größten und kleinsten Kreisvektor, $\mathfrak{K}_g$ und $\mathfrak{K}_k$ in die Betrachtung einschließt. Diese beiden Vektoren haben dasselbe Argument wie der Mittelpunktsvektor (s. Abb. 28) und liegen also auf ein und derselben Geraden. Es ist nun

$$\mathfrak{M} = \frac{1}{2}(\mathfrak{K}_k + \mathfrak{K}_g).$$

In gleicher Weise ist der Mittelpunktsvektor $\mathfrak{M}_i$ des invertierten Kreises durch dessen kleinsten und größten Kreisvektor gegeben nach der Beziehung

$$\mathfrak{M}_i = \frac{1}{2}(\mathfrak{K}_{ik} + \mathfrak{K}_{ig}).$$

Nun stehen aber die zwei Grenzvektoren der beiden Kreise im Reziprokverhältnis:

$$\mathfrak{K}_{ik} = \frac{1}{\mathfrak{K}_g} \text{ und } \mathfrak{K}_{ig} = \frac{1}{\mathfrak{K}_k},$$

so daß

$$\mathfrak{M}_i = \frac{1}{2}\left(\frac{1}{\mathfrak{K}_g} + \frac{1}{\mathfrak{K}_k}\right) = \frac{1}{2}\,\frac{\mathfrak{K}_k + \mathfrak{K}_g}{\mathfrak{K}_g\,\mathfrak{K}_k}$$

oder

$$\mathfrak{M}_i = \frac{\mathfrak{M}}{\mathfrak{K}_g\,\mathfrak{K}_k} \quad \ldots\ldots\ldots\ldots \quad (30)$$

In der Polarform ergibt dies

$$\mathfrak{M}_i = \frac{M\,e^{j\mu}}{K_g\,e^{j\mu}\cdot K_k\,e^{j\mu}} = \frac{M\,e^{j(-\mu)}}{K_g\,K_k}$$

oder

$$\mathfrak{M}_i = \frac{\mathfrak{M}^*}{K_g\,K_k} \quad \ldots\ldots\ldots\ldots \quad (31)$$

Man findet also den Mittelpunkt des inversen Kreises, indem man das Spiegelbild zum Mittelpunktsvektor zeichnet und die am Rechenschieber ermittelte Größe $\frac{M}{K_g\,K_k}$ aufträgt. Ein weiterer Kreispunkt ergibt sich dann mit Hilfe der Vektoren $\frac{1}{\mathfrak{K}_g}$ oder $\frac{1}{\mathfrak{K}_k}$, wobei die Richtung dieser Vektoren mit $\mathfrak{M}_i$ bereits festliegt. Selbstverständlich kann die direkte Ermittlung von $\mathfrak{M}_i$ auch dadurch umgangen werden, daß man die beiden Punkte $\frac{1}{\mathfrak{K}_g}$ und $\frac{1}{\mathfrak{K}_k}$ bestimmt; auf ihrer halben Verbindungsstrecke liegt dann der Mittelpunkt des neuen Kreises.

Es ist noch ein Wort über die Bezifferung zu sagen. Diese ist nicht mehr so leicht durchzuführen, wie beim einfachen Kreisdiagramm. Wir dürfen ja nicht vergessen, daß die Bezifferung des Ausgangskreises in jenem Zwischenstadium der Kreiskonstruktion geschehen ist, in dem der Kreis noch durch den Ursprung, etwa (O) ging. Die Bezifferungsstrahlen wurden von (O) an das Spiegelbild $\mathfrak{G}^*$ der Nennergeraden gezogen. Sie bilden nach der Ursprungsverschiebung ein Geradenbüschel, dessen Träger (O) irgendwo in der Darstellungsebene liegt. Jeder Bezifferungsstrahl gäbe nun als Gerade allgemeiner Lage bei der Inversion einen Kreis durch den Ursprung, so daß das Geradenbüschel der Bezifferungsstrahlen nach der Inversion zu einer Kreisschar durch den Ursprung werden würde. Wir benötigen nun aber diese Kreise selbst gar nicht, sondern — da sie ja nur »Bezifferungsstrahlen« sind — lediglich ihre Schnittpunkte mit dem invertierten Kreis $\mathfrak{K}_i$. Ihre Ermittlung wäre also ein recht unangenehmer Zeitaufwand, und es drängt sich die

Frage auf, ob denn die Bezifferung nicht einfacher zu erhalten ist. Es gibt da tatsächlich zwei Wege:

Eine einfache, wenn auch wenig befriedigende Lösung wäre die, daß man im Gebiete des ursprünglichen Kreises eine Hilfsgerade $\mathfrak{H}$ so zieht, daß sie von Bezifferungsstrahlen, die jetzt aus dem neuen Ursprung O gezogen werden, möglichst günstig geschnitten wird. Diese Gerade kann dann gespiegelt werden und von O aus an das Spiegelbild $\mathfrak{H}^*$ die Bezifferungsstrahlen für $\mathfrak{K}_i$ gezogen werden. Diese Lösung hat den Nachteil, daß die Einteilung auf der Hilfsgeraden $\mathfrak{H}$ vollkommen unregelmäßig wird und Zwischenteilungen nur vergleichsweise umständlich zu ermitteln sind. Überdies läuft die Teilung wieder in sich zurück und gibt daher leicht Veranlassung zu Irrtümern.

Eine schönere Lösung ergibt sich aus der Überlegung, daß die Gleichung des invertierten Kreises formal genau gleich aufgebaut ist, wie die Gleichung des ursprünglichen Kreises, also die Normalform eines Kreises allgemeiner Lage besitzt. Der Kreis muß also auch eine Bezifferungs*gerade* mit regulärer Teilung besitzen. Das Bezifferungszentrum muß dabei am Kreisumfang liegen, dort wo $p = \infty$ ist. Suchen wir also vorerst diesen Punkt, so brauchen wir bloß das Spiegelbild zum Vektor $O\,(O)$ zu zeichnen. Wir erhalten dann im Schnittpunkt U mit dem invertierten Kreis das Bezifferungszentrum, bzw. auch den Kreispunkt für $p = \infty$. Nach dem, was wir von der Kreiskonstruktion schon wissen, muß jetzt die Bezifferungsgerade normal auf den von U gezogenen Kreisdurchmesser liegen. Es handelt sich also nur mehr darum, ihren Abstand von U, die Größe der Teilung und deren Ausgangspunkt zu ermitteln. Zu diesem Zwecke suchen wir noch zwei günstig gelegene Kreispunkte (in der Abbildung sind es die Punkte für $p = 0$ und $p = + 3$). Dies geschieht so, daß man die beiden Punkte vorerst mit Hilfe der Bezifferungsgeraden $\mathfrak{G}$ und dem alten Ursprung (O) im ursprünglichen Kreis $\mathfrak{K}$ ermittelt, hierauf die Strahlen aus O zieht, diese spiegelt und mit dem invertierten Kreis zum Schnitt bringt. Für die Punkte $p = 0$ und $p = + 3$ können jetzt bereits von U aus Bezifferungsstrahlen gezogen werden. Sie schneiden auf der noch zu suchenden Bezifferungsgeraden $\mathfrak{B}$, von der vorerst nur die Richtung bekannt ist, den Abschnitt $\overline{0 + 3}$ ab. Um nun leicht unterteilen zu können, wählen wir für diesen Abschnitt eine abgerundete Länge (etwa 3 oder 6 cm), die wir irgendwo auf einer Normalen zum Durchmesser durch U vom Bezifferungsstrahl $U\,0$ auftragen. In der Abbildung ist dies die Strecke $\overline{AB}$. Zieht man nun durch B die Parallele $\overline{BC}$ zum Bezifferungsstrahl $U\,0$, so schneidet diese den zweiten Bezifferungsstrahl $U + 3$ in einem Punkt C, durch welchen die gesuchte Bezifferungsgerade $\mathfrak{B}$ gehen muß, damit auf ihr die gewünschte Teilungsstrecke erscheint. Die beiden im Vorhinein gezeichneten Bezifferungsstrahlen schneiden auf der Bezifferungsgeraden bereits die Strecke $\overline{0 + 3}$ ab, so daß jetzt leicht die vollständige, reguläre Teilung abgetragen und die Bezifferung des invertierten Kreises $\mathfrak{K}_i$ von U aus vorgenommen werden kann.

δ) Inversion eines Geradenbüschels.

Wir sind im vorigen Abschnitt der Aufgabe begegnet, ein Geradenbüschel (es hat sich dort um das Büschel der Bezifferungsstrahlen gehandelt) zu invertieren. Da jede Gerade bei der Inversion in einen Kreis durch den Ursprung übergeht, ist das Ergebnis also eine Kreisschar durch den Ursprung. Nun müssen aber die Kreise noch einen zweiten Punkt gemeinsam haben, nämlich den Punkt, der dem gemeinsamen Punkt T des Geradenbüschels — seinem »Träger« — entspricht. Definiert der Punkt T den Vektor $\mathfrak{T}$, so ist der zweite gemeinsame Punkt aller Kreise gegeben durch $\frac{1}{\mathfrak{T}}$. Alle Kreise der Schar gehen also durch diesen Punkt und den Ursprung. Die Mittelpunkte dieser Kreise liegen also auf der Symmetralen zu diesen beiden Punkten.

Die Ermittlung der Kreisschar sei an Hand der Abb. 29 beschrieben. Gegeben sei der Träger T und ein durch diesen gehendes Geradenbüschel $\mathfrak{G}_p$. Jede Gerade des Büschels gehöre zu einem Parameterwert p; die Bezifferung des Büschels geschehe mit Hilfe der Bezifferungsgeraden $\mathfrak{B}_g$. Die Entstehung des Büschels und die Ermittlung der Bezifferungsgeraden soll nicht Gegenstand dieses Kapitels sein. Wir wollen vielmehr annehmen, daß diese Größen gegeben vorliegen.

Wir bilden nun $1/\mathfrak{T}$ und erhalten so den »Gegenpunkt G«. Die Symmetrale m-m der Strecke OG ist bereits der geometrische Ort der Mittelpunkte der gesuchten Kreisschar. Es fehlt auf ihr noch die Parameterbezifferung für die Kreise $p = \text{const.}$ Um diese zu finden stellen wir folgende Überlegung an:

Jede Gerade des gegebenen Geradenbüschels liefert bei der Inversion einen Kreis durch den Ursprung. Die Durchmesser dieser Kreise ergeben sich — wie bei der Kreiskonstruktion erläutert wurde — als Reziprokwerte der Normalen zu den einzelnen Geraden aus dem Ursprung. Die Fußpunkte N dieser Normalen liegen nebenbei bemerkt auf dem Umfang des über dem Vektor $\mathfrak{T}$ als Durchmesser errichteten Kreises, da sie ja den geometrischen Ort aller rechten Winkel, deren Schenkel durch die beiden Punkte O und T gehen, beschreiben. Die Inversion dieses Kreises ergibt halbiert wieder die schon gefundene Mittelpunktsgerade m-m. Da nun das Normalenbüschel aller $\mathfrak{N}$ auf dem Geradenbüschel der $\mathfrak{G}$ senkrecht steht, sind die beiden Büschel bis auf die Lage (Lage der Träger T und O und gegenseitige Winkellage von 90^0) identisch. Man erhält dann für das Normalenbüschel leicht auch eine Bezifferungsgerade, wenn man eine gleich bezifferte Gerade wie $\mathfrak{B}_g$ relativ zum Normalenbüschel ebenso anordnet, wie die Gerade $\mathfrak{B}_g$

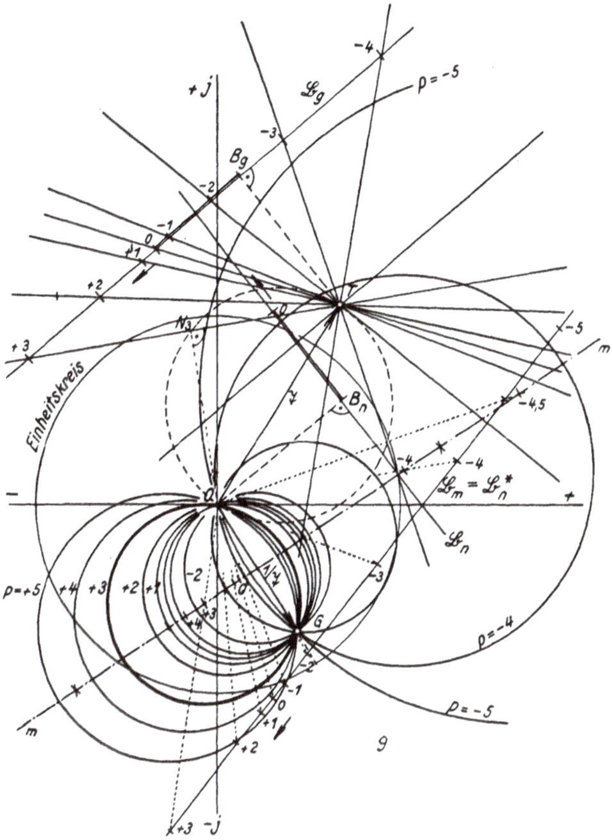

Abb. 29. Inversion des Geradenbüschels.

Ermittlungsvorschrift für die Inversion des Geradenbüschels.
Hiezu Abb. 29.

1. Ermittlung des Gegenpunktes G durch Inversion des Trägervektors $\mathfrak{T}$;
2. Mittelpunktsgerade der gesuchten Kreisschar ist die Symmetrale der Strecke OG;
3. Ermittlung der Bezifferungsgeraden $\mathfrak{B}_n$ für das Normalenbündel, wobei $\mathfrak{B}_n \perp \mathfrak{B}_g$ im Abstand $OB_n = TB_g$ vom Ursprung;
4. Das Spiegelbild $\mathfrak{B}_m = \mathfrak{B}_n^*$ dieser Geraden ist die Bezifferungsgerade für die Mittelpunktsgerade $m - m$;
5. Ziehen der Bezifferungsstrahlen und der Kreise durch die beiden Punkte O und G.

---

relativ zum Geradenbüschel $\mathfrak{G}$ liegt. Das ist aber sehr einfach, da ja der Winkel zwischen homologen Gebilden der beiden Geradenscharen 90° beträgt. Wir brauchen also nur im Abstand $B_nO = B_gT$ eine Normale zu $\mathfrak{B}_g$ zu ziehen und auf ihr die gleiche Bezifferung vermerken, wie sie B_g trägt. In der praktischen Durchführung zieht man, wie in der Abbildung angedeutet, am besten durch O die Parallele und durch T die Normale zu $\mathfrak{B}_g$ und trägt von O aus den Abstand B_gT auf. Auf der Normalen durch den so erhaltenen Punkt B_n vermerkt man wieder zweckmäßig vorläufig lediglich den Ausgangspunkt der Parameterteilung und ihre positive Richtung durch einen Pfeil. Damit wäre die Bezifferungsgerade $\mathfrak{B}_n$ für das Normalenbüschel gefunden. Aus ihr ergibt sich sofort die Bezifferungsgerade $\mathfrak{B}_m$ für die Mittelpunktsgerade *m-m* durch Spiegelung, wenn man bedenkt, daß die Inversen zu den Normalen $\mathfrak{N}$ die jeweiligen Mittelpunktsvektoren $\mathfrak{M}$ liefern. Nunmehr kann die Parameterteilung von $\mathfrak{B}_g$ abgenommen und auf $\mathfrak{B}_m$ aufgetragen und die Bezifferung der Mittelpunktsgeraden durch Ziehen der Bezifferungsstrahlen vorgenommen werden. Für jeden Parameterwert kann jetzt der zugehörige Kreis gezeichnet werden. In der Abbildung ist beispielsweise der Kreis für $p = +3$ stärker hervorgehoben.

Liegt umgekehrt eine Kreisschar durch den Ursprung und mit gerader Mittelpunktslinie vor, so erhält man bei der Inversion ein Geradenbüschel. Zu dessen Konstruktion ermittelt man vorerst den Träger T durch Inversion des Vektors zum Gegenpunkt G. Man spiegelt ferner die bezifferte Mittelpunktsgerade (hier fällt $\mathfrak{B}_m$ mit *m-m* zusammen) und zieht die Normale dazu in einem Abstand vom Punkt T, der dem Abstand des Spiegelbildes vom Ursprung gleichkommt. Man findet so durch Rückwärtsschreiten des obenbeschriebenen Weges eine Bezifferungsgerade $\mathfrak{B}_g$ für das gesuchte Geradenbüschel.

ε) Inversion einer Kreisschar mit zwei gemeinsamen Punkten.

Wir haben im vorigen Kapitel die Inversion eines Geradenbüschels behandelt und eine Kreisschar mit einem gemeinsamen Punkt und einer Geraden als geometrischen Ort der Kreismittelpunkte erhalten. Es ergibt sich nun oft die Aufgabe, eine solche Kreisschar zu invertieren. Wir wollen den Fall wieder spezialisieren und nur Kreisscharen mit gerader Mittelpunktslinie behandeln, da Beispiele mit anderen Mittelpunktslinien in der Praxis seltener vorkommen. Dagegen wollen wir aber verallgemeinernd annehmen, daß der zum Träger T in bezug auf die Mittelpunktsgerade symmetrische Punkt S auch allgemeine Lage aufweist. Im vorigen Beispiel erhielten wir ja für diesen Punkt den Mittelpunkt O unseres Koordinatensystems.

Wir haben also nach Abb. 30 eine Kreisschar vorliegen, deren einzelne Kreise durch die Punkte S und T gehen und deren Mittelpunktsgerade $\mathfrak{M}$ die Symmetrale der Strecke ST ist. Nun gibt jeder Kreis invertiert wieder einen Kreis allgemeiner Lage, die Kreisscharen also neuerdings eine Kreisschar. Die gemeinsamen Punkte bleiben wieder gemeinsame Punkte aller Kreise. Diese beiden Punkte sind in der invertierten Schar jetzt gegeben durch die Vektoren $1/\mathfrak{T}$ und $1/\mathfrak{S}$, die aus den Trägervektoren durch Inversion hervorgehen. Da nun alle Kreise durch diese beiden Punkte gehen, ist die Symmetrale zu $S_i T_i$ bereits die Mittelpunktslinie $\mathfrak{M}_i$ der invertierten Kreisschar. Um die Beziffe-

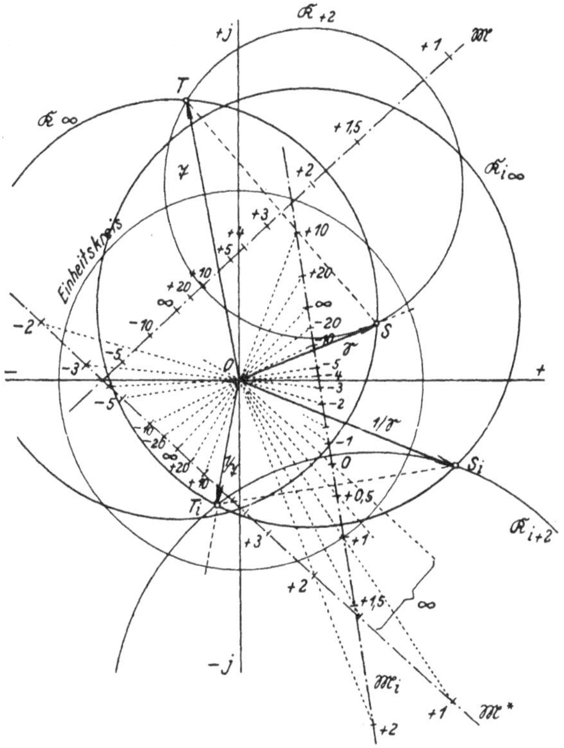

Abb. 30. Inversion der Kreisschar durch zwei Punkte.

Ermittlungsvorschrift für die Inversion einer Kreisschar.
Hiezu Abb. 30.

1. Ermittlung von $1/\mathfrak{S}$ und $1/\mathfrak{T}$;
2. Die Symmetrale von $\overline{S_i\,T_i}$ ist die neue Mittelpunktsgerade $\mathfrak{M}_i$;
3. Das Spiegelbild $\mathfrak{M}^*$ der gegebenen Mittelpunktsgeraden $\mathfrak{M}$ ist die Bezifferungsgerade für die neue Mittelpunktsgerade $\mathfrak{M}_i$;

---

rung der neuen Mittelpunktsgeraden zu erhalten, erinnern wir uns an die Ableitung, die wir bei der Inversion eines Kreises gefunden haben, und finden, daß wir nur die Spiegelbilder zu den Bezifferungsstrahlen zu zeichnen haben. Am einfachsten geschieht dies hier durch Zeichnen des Spiegelbildes $\mathfrak{M}^*$ der Mittelpunktsgeraden $\mathfrak{M}$ und Ziehen der neuen Bezifferungsstrahlen aus dem Ursprung O. In der Abbildung sind die beiden Kreise für $p = +2$ und $p = \infty$ und ihre Inversionen gezeichnet.

ζ) Zusammenstellung der wichtigsten Inversionen.

Um einen Überblick über das wichtige Gebiet der Inversionen zu erhalten, wollen wir die Ergebnisse kurz in tabellarischer Form zusammenstellen und erhalten dann etwa das folgende Schema:

Grundfigur	Inversion	Kennzeichnender Zusammenhang
Vektor $\mathfrak{A}$	Vektor $\mathfrak{A}_i = 1/\mathfrak{A}$ . . .	Spiegelung: $A_i = 1/A$
Gerade $\mathfrak{G}$	Kreis durch den Ursprung	Mittelpunkt $\mathfrak{M} = \frac{1}{2\,\mathfrak{N}}$
Kreis allgemeiner Lage	Kreis allgemeiner Lage	Neuer Mittelpunkt $\mathfrak{M}_i = \frac{1}{2}(\mathfrak{K}_{ik} + \mathfrak{K}_{ig})$ Extrempunkte $\begin{cases} \mathfrak{K}_{ik} = 1/\mathfrak{K}_g \\ \mathfrak{K}_{ig} = 1/\mathfrak{K}_k \end{cases}$
Geradenbüschel durch $\mathfrak{T}$	Kreisschar durch den Ursprung mit Gerade als Mittelpunktslinie	Mittelpunktsgerade ist Symmetrale zu $O\,T_i$
Kreisschar durch $\mathfrak{T}$ mit Gerade als Mittelpunktslinie	Kreisschar durch $1/\mathfrak{T}$ mit Gerade als Mittelpunktslinie	Neue Träger $1/\mathfrak{T}$ und $1/\mathfrak{S}$, neue Mittelpunktslinie ist Symmetrale zu $S_i\,T_i$

b) Die Geradenschar.

1. Das Geradenbündel.

Ist in der Geradengleichung

$$\mathfrak{G} = \mathfrak{A} + p\,\mathfrak{B}$$

der Vektor $\mathfrak{A}$ selbst wieder eine Funktion eines Parameters r, also

$$\mathfrak{G} = \mathfrak{A}(r) + p\,\mathfrak{B},$$

so erhalten wir offensichtlich für jeden Wert von r eine Gerade, im ganzen also eine Geradenschar. Wir wollen, um nur die wichtigsten, in der Praxis auftretenden Fälle zu erfassen, vereinfachend annehmen, daß $\mathfrak{A}$ bloß eine Funktion von r allein und von p unabhängig sei oder zumindest in zwei Summanden aufgespalten werden kann, von denen der eine nur von r und der zweite nur von p abhängt. Der letztere kann dann, wenn die Abhängigkeit linear in p ist, zu $\mathfrak{B}$ zugeschlagen werden, so daß dann die obenangeführte Gleichung zu Recht besteht. Die Funktion $\mathfrak{A}(r)$ enthält nun im allgemeinen einen konstanten Teil $\mathfrak{A}_0$ und den Funktionswert $\mathfrak{R}(r)$, so daß wir auch schreiben können

$$\mathfrak{G} = \mathfrak{A}_0 + \mathfrak{R}(r) + p\,\mathfrak{B} = \mathfrak{R}(r) + \mathfrak{A}_0 + p\,\mathfrak{B} = \mathfrak{R}(r) + \mathfrak{G}_0 \quad . \; . \; (33)$$

Es wurde dabei das erste und dritte Glied zur Geraden

$$\mathfrak{G}_0 = \mathfrak{A}_0 + p\,\mathfrak{B} \quad . \; . \; . \; . \; . \; . \; . \; . \; . \; . \; (34)$$

zusammengefaßt, die wir die Grundgerade nennen wollen. Sie ist jene Gerade der Schar, bei der die Funktion $\mathfrak{R}(r)$ verschwindet.

Die Ermittlung der Schar ist nun sehr einfach. Wir zeichnen zuerst die Ortskurve $\mathfrak{R}(r)$ nach irgendeinem Verfahren. Nunmehr wird die Gerade $\mathfrak{G}_0$ ermittelt. Man kann nun, wie es in der Abb. 31 angedeutet ist, in jedem Punkt der Kurve $\mathfrak{R}$ vorerst den Vektor $\mathfrak{A}_0$ und dann die Gerade $p\,\mathfrak{B}$ anfügen. Die Endpunkte der ersteren Vektoren ergibt die zu $\mathfrak{R}$ parallel verschobene Kurve $\mathfrak{R}_{(p=0)}$; durch die einzelnen Punkte dieser Kurve sind jetzt einfach Parallele zu $\mathfrak{G}_0$ zu ziehen und auf ihnen die p-Einteilung abzutragen. Verbindet man die Punkte $p =$ konst., so erhält man als Trajektorien der Schar lauter Parallelkurven zu $\mathfrak{R}$. Ein Punkt der Schar ist besonders ausgezeichnet, es ist der Punkt, wo beide Parameter den Wert Null haben. Wir wollen diesen Punkt den **Nullpunkt** der Schar heißen und ihn mit N bezeichnen.

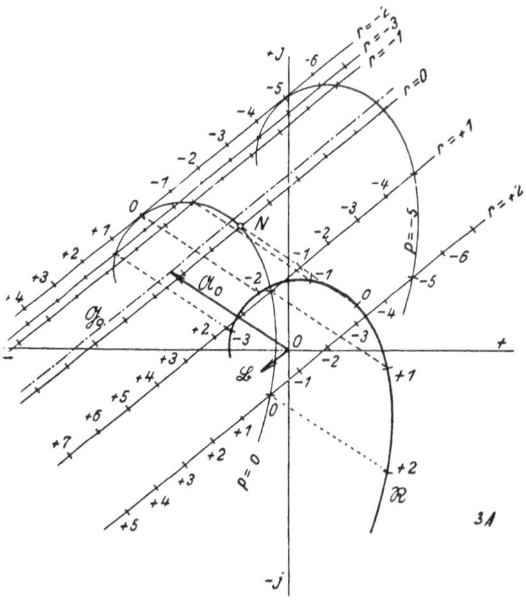

Abb. 31. Das allgemeine Geradenbündel.

Eine Schwierigkeit in der Ermittlung liegt höchstens in der Konstruktion der Ortskurve $\mathfrak{R}$ bzw. in deren Parallelverschiebung. Man kann diese auch vermeiden, indem man das Geradenbündel gleich durch die Punkte der einmal gezeichneten Kurve $\mathfrak{R}$ legt und dafür den Ursprung des Koordinatensystems um $-\mathfrak{A}_0$ verschiebt.

Besonders einfach wird die Ermittlung des Diagrammes, wenn $\mathfrak{R}$ etwa die Form der Geraden- oder einer Kreisgleichung hat. Die Abb. 32 zeigt z. B. das Diagramm für den Fall, als $\mathfrak{R}$ die Form

$$\mathfrak{R} = r\,\mathfrak{C},$$

die Schar also die Gleichung

$$\mathfrak{G} = r\,\mathfrak{C} + \mathfrak{A}_0 + p\,\mathfrak{B} \quad . \; . \; . \; . \; . \; . \; . \; . \; . \; . \quad (35)$$

besitzt.

2. Das Geradenbüschel.

Ist in der Geradengleichung

$$\mathfrak{G} = \mathfrak{A} + p\,\mathfrak{B}$$

$\mathfrak{B}$ nach einem Parameter r veränderlich, etwa nach der Beziehung

$$\mathfrak{B} = \mathfrak{B}_0 + \mathfrak{R}, \quad . \; . \; . \; . \; . \; . \; . \; . \; . \; . \; . \quad (36)$$

wobei wieder $\mathfrak{R}$ eine Funktion des Parameters r sein soll, so lautet die Gleichung der auf diese Weise entstandenen Geradenschar

$$\boldsymbol{\mathfrak{G}} = \mathfrak{A} + p\,(\mathfrak{B}_0 + \mathfrak{R}) = \boldsymbol{\mathfrak{A}} + \boldsymbol{p\mathfrak{B}_0} + \boldsymbol{p\mathfrak{R}} = \mathfrak{G}_0 + p\,\mathfrak{R} \quad . \; . \; (37)$$

Wir erhalten also wieder eine Grundgerade $\mathfrak{G}_0$; der hinzukommende Summand ist aber jetzt von beiden Parametern abhängig.

In der Abb. 33 ist vorerst in bekannter Weise die Grundgerade $\mathfrak{G}_0$ gezeichnet. Ferner sei die Kurve $\mathfrak{R}$ gegeben, die eine Parameterteilung

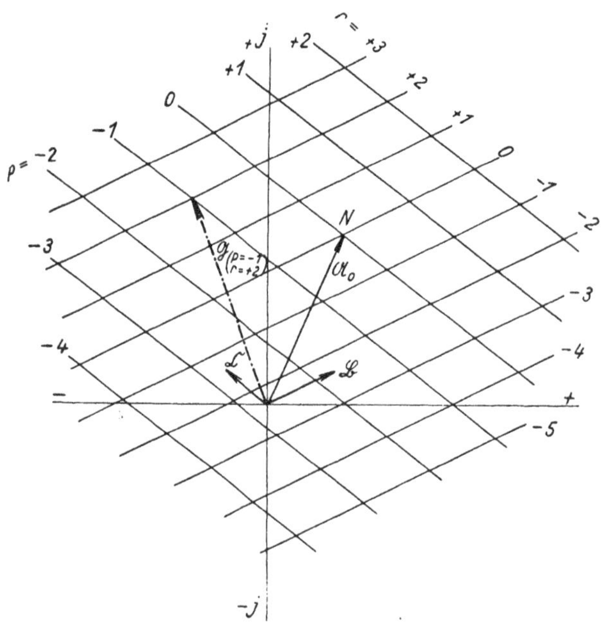

Abb. 32. Geradenbündel $\mathfrak{G} = r\mathfrak{C} + \mathfrak{A}_0 + p\,\mathfrak{B}$.

nach r erhält. Für einen bestimmten Wert von r — etwa $r = +2$ — haben wir den Vektor $\mathfrak{R}_2$ nach Gl. (37) von den Punkten 0, 1, 2 ... der Grundgeraden 0, 1, 2 ... mal aufzutragen und erhalten damit bereits die Gerade $\mathfrak{G}_2$ der gesuchten Geradenschar. Eine zweite Gerade der Schar ist in der Zeichnung für $r = -1$ eingetragen. Man erkennt nun, daß die Gl. (37) ein Geradenbüschel mit dem Träger A beschreibt. Die Grundgerade entspricht dabei dem Parameterwert r, für welchen die Funktion $\mathfrak{R}$ verschwindet.

Die Zeichenarbeit kann nun noch etwas vereinfacht werden, wenn man den Ursprung des Koordinatensystems von O nach $\bar{O}$ verschiebt, wobei die Verschiebung dem negativen Vektor $\mathfrak{G}_0(_{p=+1})$ zum Punkt $p = +1$ der Grundgeraden gleich ist. Der Trägerpunkt A kommt dann nach $\bar{A}$ zu liegen und das Geradenbüschel kann direkt von $\bar{A}$ aus

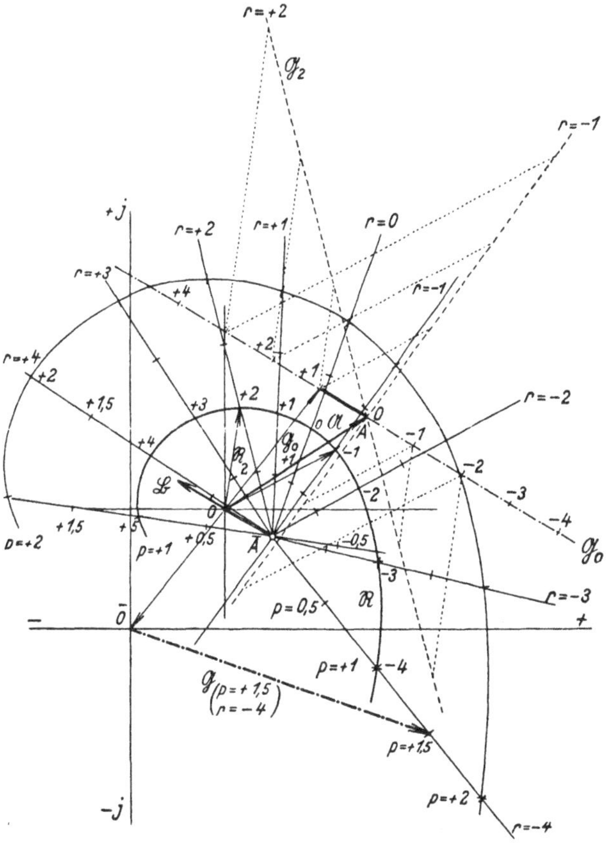

Abb. 33. Das allgemeine Geradenbüschel.

Ermittlungsvorschrift für das allgemeine Geradenbüschel.

Hiezu Abb. 33.

1. Zeichnen der Kurve 𝔎(r);
2. Ermitteln des Trägers $\bar{A}$ des Büschels aus — 𝔅;
3. Ziehen der Geraden des Büschels und Abtragen der p-Teilung unter Benützung der Einheitsstrecken $\bar{A}$ — Kurve 𝔎;
4. Verschieben des Ursprunges um — $\mathfrak{G}_0, p = +1$.

---

durch Verbinden dieses Punktes mit den einzelnen Punkten der Kurve 𝔎 gezeichnet werden. Die Einheitsstrecke für die Bezifferung der einzelnen Geraden des Büschels ergibt sich dabei sofort im jeweiligen Abstand des Punktes $\bar{A}$ von der Kurve 𝔎. Diese selbst wird damit zur Trajektorie der Schar für $p = +1$. Die anderen Trajektorien sind zu 𝔎 ähnliche, zentrisch symmetrische Kurven.

c) Die Kreisschar.

1. Das Produkt $\mathfrak{G}\mathfrak{K}$.

Sind einer oder mehrere der konstanten Vektoren $\mathfrak{A}$ bis $\mathfrak{D}$ der Gl. (28) irgendwie von einem weiteren Parameter abhängig, also selbst eine Funktion dieses zweiten Parameters, so erhalten wir für jeden Wert dieses Parameters einen Kreis allgemeiner Lage, insgesamt also eine Kreisschar. Unter den unendlich vielen Möglichkeiten solcher Scharendiagramme haben sich nun einige wenige als für die Praxis besonders wertvoll erwiesen. Es sind dies jene Diagramme, die dann entstehen, wenn nur einer der vier konstanten Vektoren in der allgemeinen Kreisgleichung eine Funktion eines zweiten Parameters ist. Wir wollen hier auch nur diese vier Fälle untersuchen, da eine allgemeine Beschreibung einerseits den Umfang dieses Buches weitaus überschreiten würde und andererseits in der Praxis kein Bedürfnis für eine so weitgehende, theoretische Analyse vorliegt.

Als Zwischenglied zu diesen hervorgehobenen vier Fällen soll aber noch die Gleichung

$$\mathfrak{K} = \frac{\mathfrak{A} + r\mathfrak{B}}{\mathfrak{C} + p\mathfrak{D}} \quad . \; . \; . \; . \; . \; . \; . \; . \; . \; . \quad (38)$$

besprochen werden, die aus der allgemeinen Kreisgleichung (28) dadurch entsteht, daß die Parameter im Zähler und Nenner verschieden und unabhängig voneinander sind.

Diese Gleichung läßt sich auch als Produkt einer Geraden- mit einer Kreisgleichung auffassen, wenn man bildet

$$\mathfrak{K} = (\mathfrak{A} + r\mathfrak{B}) \frac{1}{\mathfrak{C} + p\mathfrak{D}} = \mathfrak{G}\,\mathfrak{K}_0 \quad . \; . \; . \; . \; . \; . \quad (38\text{a})$$

Es ist also tatsächlich der erste Faktor der Ausdruck für eine Gerade, während der zweite einen Kreis durch den Ursprung darstellt.

Beide Teilfiguren lassen sich nach den bekannten Regeln entwerfen. Sie sind in der Abb. 34 mit $\mathfrak{G}$ und $\mathfrak{K}_0$ bezeichnet. Würde nun an Stelle der Geraden $\mathfrak{G}$ nur ihr Normalenvektor $\mathfrak{N}$ vorhanden sein, so wäre $\mathfrak{K}_0\mathfrak{N}$ zu bilden, der Kreis also nach Maßgabe von $\mathfrak{N}$ drehzustrecken. Dies geschieht bekanntlich so, daß man vor allem den neuen Mittelpunktsvektor $\mathfrak{N}\mathfrak{M}$ sucht. Für einen anderen Vektor an die Gerade $\mathfrak{G}$, d. h. also für einen anderen Wert des Parameters r, wäre der gleiche Vorgang einzuhalten gewesen, nämlich der Mittelpunktsvektor $\mathfrak{M}$ nach Maßgabe dieses Vektors $\mathfrak{G}_r$ drehzustrecken. Wird dies für alle Werte von r durchgeführt, so erhält man eine Mittelpunktskurve der gesuchten Kreisschar, deren Einzelkreise offensichtlich alle durch den Ursprung O gehen. Statt nun den Vektor $\mathfrak{M}$ mit jedem Vektor der Geraden $\mathfrak{G}$ drehzustrecken (also $\mathfrak{M}\mathfrak{G}$ zu bilden), kann man natürlich auch sagen, daß die Gerade $\mathfrak{G}$ nach Maßgabe des Vektors $\mathfrak{M}$ dreh-

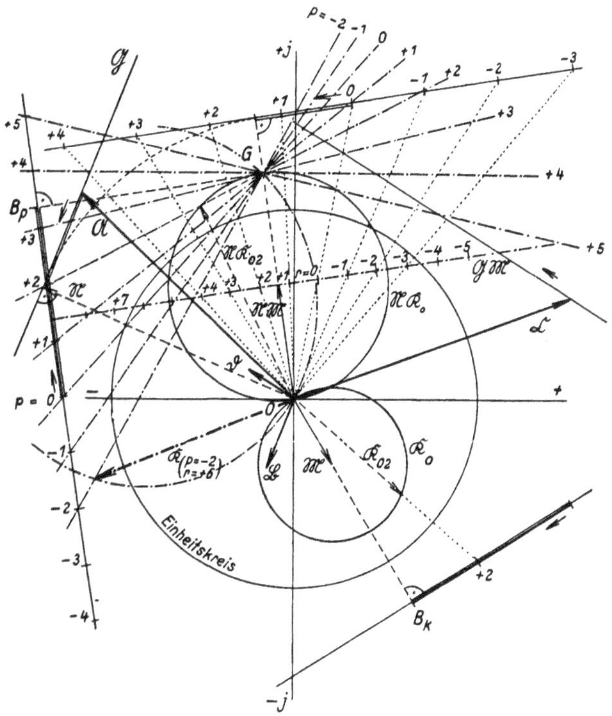

Abb. 34. Das Scharendiagramm $\mathfrak{K} = \dfrac{\mathfrak{A} + r\mathfrak{B}}{\mathfrak{C} + p\mathfrak{D}}$.

Ermittlungsvorschrift für die Schar $\mathfrak{K} = \dfrac{\mathfrak{A} + r\mathfrak{B}}{\mathfrak{C} + p\mathfrak{D}}$.

Hiezu Abb. 34.

1. Zeichnen der Zählergeraden $\mathfrak{G} = \mathfrak{A} + r\mathfrak{B}$ und Ermittlung ihrer Normalen $\mathfrak{N}$;
2. Zeichnen der Nennergeraden $\mathfrak{C} + p\,\mathfrak{D}$ und Ermittlung des Mittelpunktsvektors $\mathfrak{M}$;
3. Ermittlung von $\mathfrak{N}\mathfrak{M}$ und Ziehen der Normalen hiezu, ergibt Mittelpunktsgerade der gesuchten Kreisschar;
4. Beziffern der Mittelpunktsgeraden durch Hereindrehen der Zählergeraden $\mathfrak{G}$;
5. Ermittlung der Bezifferungsgeraden für das $p =$ const.-Geradenbüschel durch Ziehen der Parallelen zu $\mathfrak{N}\mathfrak{M}$ im Abstand $GB_p = OB_k$ vom Gegenpunkt G.

---

zustrecken ist (also $\mathfrak{G}\mathfrak{M}$ zu bilden ist). Diese Ermittlung ist uns aber schon bekannt, und wir wissen, daß wir jetzt bloß die Normale auf $\mathfrak{N}\mathfrak{M}$ zu ziehen haben. Die Mittelpunktslinie ist also eine Gerade, und es gehen alle Kreise der Schar daher auch durch den Gegenpunkt G. Zur Bezifferung der Mittelpunktsgeraden drehen wir in bekannter Weise die Gerade $\mathfrak{G}$ so lange, bis sie parallel zu $\mathfrak{M}\mathfrak{G}$ wird und ziehen die Bezifferungsstrahlen. Die Mittelpunktsgerade erhält damit eine r-Skala. Die Kreise für jeden Wert von r können bereits gezeichnet werden.

Welches sind jetzt die $p = \text{const.}$-Linien? Wir sehen uns hiezu vorerst die Bezifferung des Kreises $\mathfrak{N}\mathfrak{K}_0$ an; sie wird vorschriftsgemäß durch Drehen der Nennergeraden $\mathfrak{C} + p\mathfrak{D}$ bis zur Normallage auf $\mathfrak{N}\mathfrak{M}$ und Ziehen der Bezifferungsstrahlen erhalten. Betrachten wir nun einen einzigen Bezifferungsstrahl, etwa für $r = +2$ (er möge $\mathfrak{K}_{02}$ heißen), so hätten wir, genau so wie früher, für die Mittelpunktsgerade $\mathfrak{G}\mathfrak{K}_{02}$ zu bilden, was wieder darauf hinausläuft, zuerst $\mathfrak{N}\mathfrak{K}_{02}$ zu ermitteln und im Endpunkt dieses Vektors die normale Gerade zu ziehen. Nun ist aber $\mathfrak{N}\mathfrak{K}_{02}$ der Vektor für $p = 2$ an den Kreis $\mathfrak{N}\mathfrak{K}_0$; die Normale im Kreispunkt muß also, wegen des rechten Winkels im Halbkreis durch den Gegenpunkt G gehen. Diese Überlegung ist natürlich unabhängig von der Wahl $p = 2$ und gilt in gleicher Weise für jeden anderen Wert des Parameters p. Die Kurven $p = \text{const.}$ bilden also ein Geradenbüschel, dessen Träger der Gegenpunkt G ist und das erhalten wird, indem man von G aus die Geraden zu den einzelnen Punkten eines bezifferten Kreises der Schar (in unserem Falle des Kreises $\mathfrak{N}\mathfrak{K}_0$) zieht.

Statt so den Kreis $\mathfrak{N}\mathfrak{K}_0$ als Bezifferungskurve zu benützen, kann auch eine Bezifferungsgerade durch folgende Überlegung gefunden werden: Das Geradenbüschel der $p = \text{const.}$ steht ja senkrecht auf dem Büschel der Bezifferungsgeraden für den Kreis $\mathfrak{N}\mathfrak{K}_0$. Man kann daher die Bezifferungsgerade für diesen Kreis um 90^0 verdrehen und in den richtigen Abstand zum Punkt G bringen, um so eine Bezifferungsgerade für das Büschel der p-Geraden zu erhalten. Es ist dazu nur notwendig, im Abstand $B_pG = B_kO$ von G eine Parallele zu OG zu ziehen und auf ihr die p-Einteilung anzubringen. Die Einheitsstrecke ist dabei der Größe des Vektors $\mathfrak{D}$ gleichzusetzen; der Ausgangspunkt der Teilung und ihre positive Richtung ergibt sich durch sinngemäße Übertragung (Vermerkung des Nullpunktes und Bezifferungspfeil) aus der Ausgangslage der Geraden $\mathfrak{C} + p\mathfrak{D}$. Das Geradenbüschel der $p = \text{constant}$ kann nunmehr gezeichnet werden. In der Abbildung wurde als Beispiel der Vektor $\mathfrak{K}$ für $p = -2$ und $r = +6$ eingetragen.

2. $\mathfrak{A}$ veränderlich.

Ist in der allgemeinen Kreisgleichung

$$\mathfrak{K} = \frac{\mathfrak{A} + p\,\mathfrak{B}}{\mathfrak{C} + p\,\mathfrak{D}}$$

der Vektor $\mathfrak{A}$ eine Funktion des Parameters r, etwa wieder von der Form

$$\mathfrak{A}(r) = \mathfrak{A}_0 + \mathfrak{R}(r),$$

so ändert sich die Gleichung auf

$$\boldsymbol{\mathfrak{K}} = \frac{\boldsymbol{\mathfrak{A}_0 + \mathfrak{R} + p\,\mathfrak{B}}}{\boldsymbol{\mathfrak{C} + p\,\mathfrak{D}}} = \frac{\mathfrak{A}_0 + p\,\mathfrak{B}}{\mathfrak{C} + p\,\mathfrak{D}} + \frac{\mathfrak{R}}{\mathfrak{C} + p\,\mathfrak{D}} \quad . \; . \; . \quad (39)$$

Wir erhalten also zwei Summanden, von denen der erste einen Kreis allgemeiner Lage beschreibt, während für den zweiten eine nähere Erklärung noch gefunden werden muß. Offensichtlich handelt es sich aber um eine Kreisschar.

Der erste Teil, das ist also der Kreis

$$\mathfrak{K}_g = \frac{\mathfrak{A}_0 + p\,\mathfrak{B}}{\mathfrak{C} + p\,\mathfrak{D}} \quad \ldots\ldots\ldots\ldots \quad (40)$$

ist bereits ein Kreis der Schar; nämlich der Kreis für jenen Parameterwert r, für den die Funktion $\mathfrak{R}$ verschwindet. In Anlehnung an die Bezeichnungen bei den Geradenscharen wollen wir diesen Kreis den Grundkreis der Schar nennen. Er muß kein eigentlicher Kreis der Schar sein, da die Funktion $\mathfrak{R}(r)$ ja keine Nullstelle besitzen muß. Er ist aber auf jeden Fall ein wertvolles Element in der Ermittlung der Kreisschar.

Von besonderer Bedeutung für die Schar ist ferner der Kreis

$$\mathfrak{K}_s = \frac{1}{\mathfrak{C} + p\,\mathfrak{D}}, \quad \ldots\ldots\ldots\ldots \quad (41)$$

der durch den Ursprung geht und aus dem sich sowohl der Grundkreis als auch der zweite Ausdruck in Gl. (39) aufbaut. Wir wollen ihn den Stammkreis der Schar nennen.

Mit Hilfe der neuen Bezeichnungen können wir jetzt die Kreisscharengleichung auf die folgende einfache Form bringen:

$$\mathfrak{K} = \mathfrak{K}_g + \mathfrak{R}\,\mathfrak{K}_s \quad \ldots\ldots\ldots\ldots \quad (39\text{a})$$

Führt man, wie das seinerzeit bei der Besprechung der allgemeinen Kreisgleichung beschrieben wurde, die Division in Gl. (39) aus, so erhält man die weitere und für die Ermittlung wichtige Form:

$$\mathfrak{K} = \frac{\mathfrak{B}}{\mathfrak{D}} + \left(\mathfrak{A}_0 + \mathfrak{R} - \frac{\mathfrak{B}\,\mathfrak{C}}{\mathfrak{D}}\right)\frac{1}{\mathfrak{C} + p\,\mathfrak{D}}$$

oder

$$\mathfrak{K} = \mathfrak{L} + (\mathfrak{N}_0 + \mathfrak{R})\frac{1}{\mathfrak{C} + p\,\mathfrak{D}} \quad \ldots\ldots\ldots\ldots \quad (42)$$

mit

$$\left.\begin{aligned} \mathfrak{L} &= \frac{\mathfrak{B}}{\mathfrak{D}} \\ \mathfrak{N}_0 &= \mathfrak{A}_0 - \frac{\mathfrak{B}\,\mathfrak{C}}{\mathfrak{D}} \end{aligned}\right\} \quad \ldots\ldots\ldots\ldots \quad (42\text{a})$$

Die Gl. (42) liefert nun sofort ein wichtiges Ergebnis. Sie läßt erkennen, daß alle Kreise der Schar durch den Punkt $\mathfrak{L}$ gehen und dort den Wert $p = \infty$ haben, wie man sich sofort überzeugt, wenn man in der Gleichung $p = \infty$ setzt. Zur Festlegung der ganzen Kreisschar benötigt man daher nur mehr die Kenntnis der Mittelpunktslinie.

Man zeichnet zu diesem Zwecke vorerst einmal den Stammkreis $\mathfrak{K}_s$ mit dem Mittelpunktsvektor $\mathfrak{M}_s$. $(\mathfrak{N}_0 + \mathfrak{R})\,\mathfrak{K}_s$ ist dann der nach Maßgabe von $\mathfrak{N}_0 + \mathfrak{R}$ drehgestreckte Stammkreis. Das ergibt für jeden Wert von r einen Kreis, zusammen also eine Kreisschar. Jeder Kreis dieser Schar wird gefunden, indem man vor allem seinen Mittelpunkt sucht. Man erhält diesen durch Bilden der Drehstreckung $\mathfrak{M}_s\,(\mathfrak{N}_0 + \mathfrak{R})$. Die so erhaltene Kreisschar entspricht aber bereits dem zweiten Teil der Gl. (42) oder der Schar $\mathfrak{K} - \mathfrak{L}$. Die Mittelpunktslinie der gesuchten Kreisschar folgt also der Gleichung

$$\mathfrak{M} = \mathfrak{L} + (\mathfrak{N}_0 + \mathfrak{R})\,\mathfrak{M}_s \quad \ldots\ldots\ldots \quad (43)$$

Nun ergibt sich aber aus der Gl. (40) unter Verwendung der Substitutionen (42a), daß

$$\mathfrak{L} + \mathfrak{N}_0\,\mathfrak{K}_s = \mathfrak{K}_g$$

und daher

$$\mathfrak{L} + \mathfrak{N}_0\,\mathfrak{M}_s = \mathfrak{M}_g \quad \ldots\ldots\ldots \quad (44)$$

ist, wenn mit $\mathfrak{M}_g$ der Mittelpunktsvektor des Grundkreises bezeichnet wird. Die Gleichung der Mittelpunktslinie der gesuchten Kreisschar kann jetzt endgültig geschrieben werden:

$$\mathfrak{M} = \mathfrak{M}_g + \mathfrak{R}\,\mathfrak{M}_s \quad \ldots\ldots\ldots \quad (43\text{a})$$

Das ist nun eine ganz einfache Beziehung, die im wesentlichen auf die Ermittlung von $\mathfrak{R}\,\mathfrak{M}_s$ hinausläuft. Zur Darstellung der Gl. (43a) geht man dann im allgemeinsten Fall am besten so vor, daß man vorerst die Kurve $\mathfrak{R}$ ermittelt und der Größe des Vektors $\mathfrak{M}_s$ entsprechend streckt, was ja durch verhältnisgleiche Verlängerung (oder Verkürzung) der Vektoren aus dem Ursprung ohne Schwierigkeiten durchführbar ist. Der bei der Drehstreckung mit $\mathfrak{M}_s$ noch erforderlichen Verdrehung der Kurve $M_s\mathfrak{R}$ wird man dann am einfachsten dadurch gerecht, daß man das Koordinatensystem um den gleichen Winkel, aber in entgegengesetztem Drehsinne verdreht. Nunmehr hat man nur noch $\mathfrak{M}_g$ in das neue Koordinatensystem zu übertragen und dieses um $-\mathfrak{M}_g$ parallel zu verschieben.

Es können jetzt bereits alle Kreise gezeichnet werden, da die Mittelpunktslinie mit der r-Bezifferung und der gemeinsame Punkt der Kreise vorliegt, wenn man auch $\mathfrak{L}$ (durch Bildung von $\mathfrak{L}\,\frac{|\mathfrak{M}_s|}{\mathfrak{M}_s}$ und Parallelverschiebung) in das neue Koordinatensystem überträgt.

Diese Konstruktion ist in der Abb. 35 dargestellt. Für den Ermittlungsvorgang wollen wir dabei zwei Fälle unterscheiden: einen allgemeinen Fall mit allgemeiner, nicht ganz einfacher Kurve $\mathfrak{R}$ und den praktisch oft auftretenden, einfacheren Fall mit leicht konstruierbarer

Kurve $\mathfrak{R}$, die auch der Drehstreckung keine zeichnerischen Schwierigkeiten entgegenstellt. Im letzteren Falle verdient dann noch das Diagramm, bei dem $\mathfrak{R}$ in eine Gerade ausartet, besondere Beachtung. Wir wollen in der Abbildung für $\mathfrak{R}$ einen Kreis allgemeiner Lage benützen, also immerhin eine Kurve, deren Drehstreckung nicht mehr ganz einfach ist, die aber für eine klare und übersichtliche Darstellung noch einfach genug ist.

Der Beginn der Diagrammermittlung ist für beide Fälle derselbe. Wir bilden zuerst ($\mathfrak{L}$) — die Klammern beziehen sich auf die Konstruktionen im ursprünglich angenommenen Koordinatensystem, in dem auch die Konstanten des Kreises gegeben wurden — und ($\mathfrak{N}_0$). Hierauf wird die Kurve $\mathfrak{R}(r)$ gezeichnet. In unserem Falle ist dies der Kreis $\mathfrak{R}$ mit dem Mittelpunktsvektor $\mathfrak{M}_r$. Nunmehr wird in bekannter Weise der Mittelpunktsvektor $\mathfrak{M}_s$ des Stammkreises gesucht. Wir hätten jetzt nach Gl. (43a) das Produkt $\mathfrak{R}\mathfrak{M}_s$ zu bilden. In einfachen Fällen kann diese Drehstreckung sofort durchgeführt werden. Bei schwieriger zu zeichnenden Kurven $\mathfrak{R}$ — und dieser Fall ist zur Unterstützung der Beschreibung auch für die Abb. 35 angenommen — führt man nur die Streckung $|\mathfrak{M}_s|\,\mathfrak{R}$ aus, die ja leicht durch verhältnisgleiche Teilung der Projektionsstrahlen aus dem Ursprung durchgeführt werden kann, und verdreht dann das Achsenkreuz um den negativen Richtungswinkel von $\mathfrak{M}_s$. (Man bildet also das Achsensystem $\frac{|\mathfrak{M}_s|}{\mathfrak{M}_s}$ und $j\frac{|\mathfrak{M}_s|}{\mathfrak{M}_s}$.) Es wird auf diese Weise vermieden, daß die Kurve $\mathfrak{R}$ nochmals gezeichnet werden müßte. Es folgt nun die Ermittlung von $\mathfrak{M}_g$ nach Gl. (44), die im zweiten Falle im alten Koordinatensystem durchgeführt wird, worauf $\mathfrak{M}_g$ durch Verdrehen in das neue Koordinatensystem übertragen wird. Wird jetzt der Ursprung noch um $-\mathfrak{M}_g$ nach O verschoben, so ist nach Gl. (43a) (im ersten Falle) $\mathfrak{M}_s\mathfrak{R}$ bzw. (im zweiten Falle) $|\mathfrak{M}_s|\,\mathfrak{R}$ bereits die Mittelpunktskurve $\mathfrak{M}$ der gesuchten Kreisschar, die, von der Kurve $\mathfrak{R}$ herrührend, eine Bezifferung nach r aufweist. Für den einfacheren Fall kann jetzt auch schon für jedes r der zugehörige Kreis gezeichnet werden, da ja alle Kreise durch den bereits gefundenen Punkt $\mathfrak{L}$ gehen. Im schwierigeren Falle muß ($\mathfrak{L}$) durch Bildung von ($\mathfrak{L}$) $\frac{|\mathfrak{M}_s|}{\mathfrak{M}_s}$ erst in das neue Koordinatensystem übertragen werden.

Die Ermittlung der $p = \text{const.}$-Linien ist wieder in beiden Fällen verschieden. Im einfacheren Fall (diese Ermittlung liegt auch der Abb. 35 zugrunde) sucht man nach Gl. (42) zu jedem Werte von p die Kurve $\mathfrak{K}$, was im wesentlichen auf die Drehstreckung $\mathfrak{R}\mathfrak{K}_s$ für jeden Wert von p hinausläuft. So wurde in der Abb. 35 beispielsweise die Konstruktion für $p = 0$ eingetragen. Man bildet dann entsprechend der Gl. (42) $(\mathfrak{N}_0 + \mathfrak{M}_r)\,\mathfrak{K}_{s0}$ und reiht diesen Vektor an ($\mathfrak{L}$) an. Wird der so erhaltene Summenvektor ($\mathfrak{M}_{p=0}$) in das neue Koordinatensystem

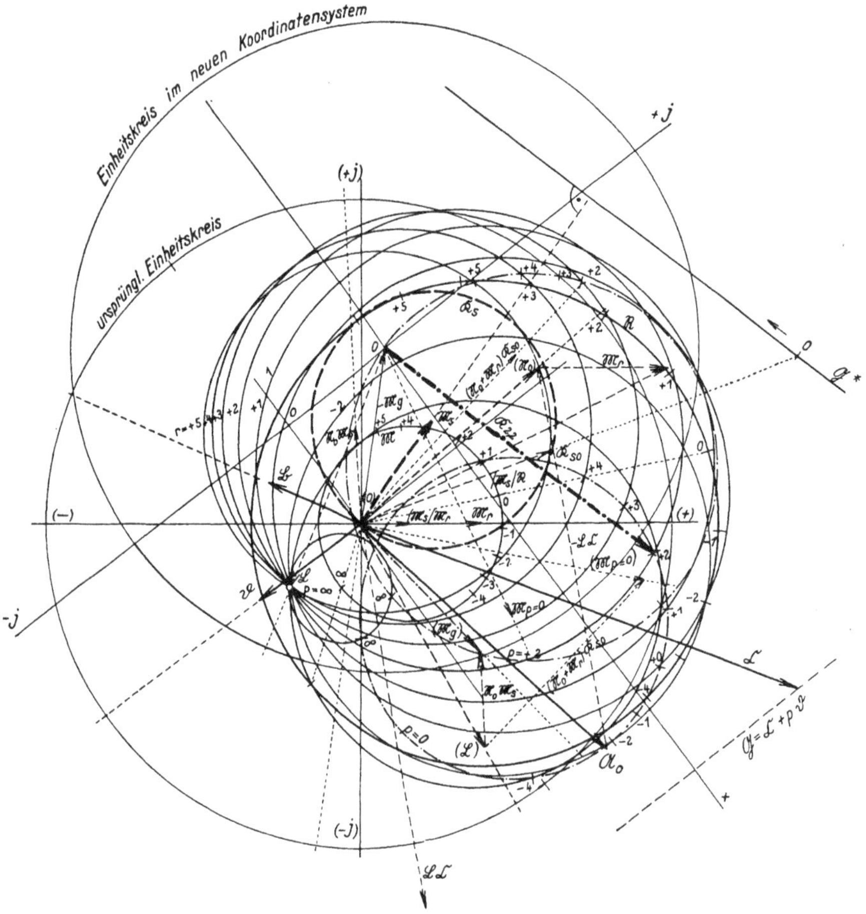

Abb. 35. Die Kreisschar $\mathfrak{K} = \dfrac{\mathfrak{A}_0 + \mathfrak{N} + p\,\mathfrak{B}}{\mathfrak{C} + p\,\mathfrak{D}}$.

Ermittlungsvorschrift für die Kreisschar $\mathfrak{K} = \dfrac{\mathfrak{A}_0 + \mathfrak{N} + p\mathfrak{B}}{\mathfrak{C} + p\mathfrak{D}}$.

Hiezu Abb. 35.

a) Bei nicht einfachen Kurven $\mathfrak{N}$.

1. Ermittlung von $(\mathfrak{L}) = \dfrac{\mathfrak{B}}{\mathfrak{D}}$ und $(\mathfrak{N}_0) = \mathfrak{A}_0 - \dfrac{\mathfrak{B}}{\mathfrak{D}}\,\mathfrak{C}$;
2. Ermittlung des Halbmessers $\mathfrak{M}_s$ des Stammkreises $\mathfrak{K}_s = \dfrac{1}{\mathfrak{C} + p\,\mathfrak{D}}$;
3. Zeichnen der Kurve $\mathfrak{N}$ und ihrer Streckung (Verkürzung) $|\mathfrak{M}_s|\,\mathfrak{N}$; ergibt die Mittelpunktslinie im neuen Koordinatensystem;
4. Ziehen der neuen Achsen $\dfrac{|\mathfrak{M}_s|}{\mathfrak{M}_s}$ und $j\,\dfrac{|\mathfrak{M}_s|}{\mathfrak{M}_s}$;
5. Ermittlung von $(\mathfrak{M}_g)$ aus $\mathfrak{M}_g = \mathfrak{L} + \mathfrak{N}_0\mathfrak{M}_s$ im ursprünglichen Koordinatensystem;
6. Verdrehen von $\mathfrak{M}_g$ nach $\mathfrak{M}_g' = \mathfrak{M}_g\,\dfrac{|\mathfrak{M}_s|}{\mathfrak{M}_s}$ und Verschieben des Ursprunges um $-\mathfrak{M}_g'$;

7. Alle Kreise gehen durch den Punkt $\mathfrak{L} = (\mathfrak{L}) \frac{|\mathfrak{M}_s|}{\mathfrak{M}_s}$;
8. Ermittlung der Bezifferungsgeraden für den Kreis zu jedem r durch Verdrehen der Bezifferungsgeraden des Stammkreises.

b) Bei einfachen Kurven $\mathfrak{R}$.

1. Ermittlung von $\mathfrak{L} = \frac{\mathfrak{B}}{\mathfrak{D}}$ und $\mathfrak{N}_0 = \mathfrak{A}_0 - \frac{\mathfrak{B}}{\mathfrak{D}} \mathfrak{C}$;
2. Ermittlung des Halbmessers $\mathfrak{M}_s$ des Stammkreises $\mathfrak{K}_s = \frac{1}{\mathfrak{C} + p\,\mathfrak{D}}$;
3. Zeichnen der Kurve $\mathfrak{R}$ und Drehstreckung derselben nach $\mathfrak{M}_s\, \mathfrak{R}$; ergibt die Mittelpunktslinie im neuen Koordinatensystem;
4. Ermittlung von $\mathfrak{M}_g$ aus $\mathfrak{M}_g = \mathfrak{L} + \mathfrak{N}_0\, \mathfrak{M}_s$ und Verschieben des Ursprunges um $-\mathfrak{M}_g$;
5. Ermittlung von $\mathfrak{K}$ aus $\mathfrak{K} = \mathfrak{L} + (\mathfrak{N}_0 + \mathfrak{R})\, \mathfrak{K}_s$ für jeden Wert von p.

c) Wenn $\mathfrak{R}$ zur Geraden $r\mathfrak{R}$ durch den Ursprung wird.

1. Ermittlung von $\mathfrak{L} = \frac{\mathfrak{B}}{\mathfrak{D}}$ und $\mathfrak{N}_0 = \mathfrak{A}_0 - \frac{\mathfrak{B}}{\mathfrak{D}} \mathfrak{C}$;
2. Ermittlung des Halbmessers $\mathfrak{M}_s$ des Stammkreises $\mathfrak{K}_s = \frac{1}{\mathfrak{C} + p\,\mathfrak{D}}$;
3. Darstellung von $\mathfrak{M}_g = \mathfrak{L} + \mathfrak{N}_0 \mathfrak{M}_s$;
4. Ermittlung der Mittelpunktsgeraden $\mathfrak{M} = \mathfrak{M}_g + r\,\mathfrak{R}\,\mathfrak{M}_s$;
5. Der Gegenpunkt G liegt symmetrisch zu $\mathfrak{L}$ bezüglich $\mathfrak{M}$;
6. Zeichnen der Bezifferungsgeraden $\mathfrak{B}_p$ für das $p =$ konst.-Büschel durch Ziehen der Parallelen zu $\mathfrak{S}\,\mathfrak{M}_s$ im Normalabstand der Nennergeraden $\mathfrak{C} + p\,\mathfrak{D}$ vom Gegenpunkt (siehe Abb. 36).

übertragen, so ist damit bereits der Mittelpunkt des Kreises für $p = 0$ gefunden. Der Kreis selbst kann nun in verhältnisgleicher Verkürzung (Streckung), also mit dem Halbmesser $|\mathfrak{K}_{s0}|\, \mathfrak{M}_r$ gezeichnet werden. In gleicher Weise ist für alle anderen Werte von p vorzugehen. In der Zeichnung ist aus Gründen der Übersichtlichkeit nur noch der Kreis für $p = +2$ eingetragen.

Für den komplizierten Fall geht man am besten so vor, daß man nach Gl. (42) die Bezifferungsgerade für den Stammkreis $\mathfrak{K}_s$ für jedes r um den Richtungswinkel von $\mathfrak{N}_0 + \mathfrak{R}$ verdreht und somit für jeden Kreis eine Bezifferungsgerade erhält, die von $\mathfrak{L}$ aus beziffert wird.

Besonders einfach wird die Ermittlung, wenn die Kurve $\mathfrak{R}$ zu einer Geraden wird, ein Fall, der in der Praxis häufig auftritt. Wir können jetzt statt $\mathfrak{R}(r)$ die einfache Beziehung $r\mathfrak{R}$ schreiben, worin $\mathfrak{R}$ einen konstanten Vektor vorstellt. Die Kreisgleichung vereinfacht sich damit auf

$$\mathfrak{K} = \mathfrak{K}_g + r\,\mathfrak{R}\,\mathfrak{K}_s \quad \ldots\ldots\ldots \quad (45)$$

bzw. auf

$$\mathfrak{K} = \mathfrak{L} + (\mathfrak{N}_0 + r\,\mathfrak{R})\,\mathfrak{K}_s \quad \ldots\ldots\ldots \quad (46)$$

Die Mittelpunktslinie folgt dem Gesetz

$$\mathfrak{M} = \mathfrak{M}_g + r\,\mathfrak{R}\,\mathfrak{M}_s \quad \ldots\ldots\ldots \quad (47)$$

ist also eine Gerade und wird erhalten, indem man im Endpunkt des Vektors $\mathfrak{M}_g$ eine Parallele zu $\mathfrak{R}\mathfrak{M}_s$ zieht. Da alle Kreise wieder durch den Punkt $\mathfrak{L}$ gehen, kann die Schar bereits gezeichnet werden.

Sehr einfach lassen sich nun die $p = \text{const.}$-Linien finden. Aus der Gl. (46) ist vor allem zu erkennen, daß es sich hier um eine Geradenschar handelt. Das Produkt $(\mathfrak{N}_0 + r\mathfrak{N})\,\mathfrak{K}_s$ entspricht dem Typus der Gl. (38). Wir haben im ersten Kapitel dieses Paragraphen bereits den Weg abgeleitet, der zu den $p = \text{const.}$-Linien führt und entnehmen der Ermittlungsvorschrift zu Abb. 34, daß wir vor allem die Normale $\mathfrak{S}$ auf die Gerade $\mathfrak{N}_0 + r\mathfrak{N}$ zu ziehen haben. Hierauf wird der Mittelpunktsvektor $\mathfrak{M}_s$ des Stammkreises mit $2\,\mathfrak{S}$ drehgestreckt. Man erhält jetzt den Träger G des Geradenbüschels, indem man den gefundenen Vektor $2\,\mathfrak{S}\mathfrak{M}_s$ an $\mathfrak{L}$ anfügt. Da alle Kreise durch $\mathfrak{L}$ gehen und nach Abb. 34 der Träger G des Geradenbüschels ebenfalls ein gemeinsamer Punkt aller Kreise ist, muß G zu L bezüglich der Mittelpunktsgeraden $\mathfrak{M}$ symmetrisch liegen. Die Anordnung entspricht dann ganz derjenigen der Abb. 34, und es kann für das Geradenbüschel eine Bezifferungsgerade auf folgende Art und Weise gewonnen werden. (Siehe Abb. 36.) Man zieht im Normalabstand der Nennergeraden vom Gegenpunkt G aus eine Parallele zu $2\,\mathfrak{S}\mathfrak{M}_s$ und trägt auf ihr die Teilung p, $(\mathfrak{D})$ ab. Es ist dabei gleichgültig, auf welcher Seite von G aus diese Parallele gezogen wird, so daß man zwei Bezifferungsgeraden, $\mathfrak{B}_p$ oder $\mathfrak{B}_p'$, zeichnen kann. Wichtig ist nur dabei, daß der Nullpunkt der Teilung und ihre positive Richtung richtig übertragen wird. Ein diesbezüglicher Fehler kann aber gar nicht unterlaufen, wenn man sich bei der Übertragung stets vor Augen hält, daß die gesuchte Bezifferungsgerade samt Normale durch G aus dem Spiegelbild der ursprünglichen Nennergeraden durch reine Drehung und Parallelverschiebung in der Zeichenebene (also ohne räumliches Umklappen aus der Zeichenebene heraus) hervorgehen muß.

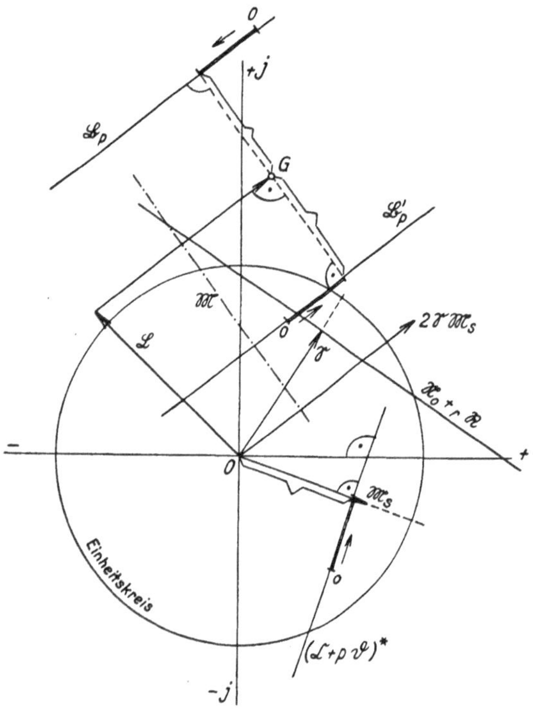

Abb. 36. Ermittlung der Bezifferungsgeraden für das Büschel der $p = \text{Konst.}$ bei der Kreisschar $\mathfrak{K} = \frac{\mathfrak{A}_0 + r\mathfrak{R} + p\mathfrak{B}}{\mathfrak{C} + p\mathfrak{D}}$.

3. $\mathfrak{B}$ veränderlich.

Ist in der allgemeinen Kreisgleichung der zweite Summand im Zähler nach einem zweiten Parameter r veränderlich, so erhält man die Gleichung

$$\mathfrak{K} = \frac{\mathfrak{A} + p\,(\mathfrak{B}_0 + \mathfrak{R})}{\mathfrak{C} + p\,\mathfrak{D}}, \quad \ldots\ldots\ldots \quad (48)$$

worin $\mathfrak{R}$ irgendeine Funktion dieses Parameters r bedeutet. Diese Gleichung unterscheidet sich von der Form Gl. (39) vor allem dadurch, daß die Funktion $\mathfrak{R}$ noch mit dem ersten Parameter p multipliziert erscheint. Sie läßt sich aber sehr leicht auf die erste Form bringen, wenn man Zähler und Nenner durch p dividiert. Man erhält dann

$$\mathfrak{K} = \frac{\mathfrak{B}_0 + \mathfrak{R} + \frac{1}{p}\,\mathfrak{A}}{\mathfrak{D} + \frac{1}{p}\,\mathfrak{C}} = \frac{\overline{\mathfrak{A}}_0 + \mathfrak{R} + t\,\overline{\mathfrak{B}}}{\overline{\mathfrak{C}} + p\,\overline{\mathfrak{D}}}, \quad \ldots\ldots \quad (49)$$

wenn statt

$$\mathfrak{B}_0 = \overline{\mathfrak{A}}_0 \qquad \mathfrak{D} = \overline{\mathfrak{C}}$$
$$\mathfrak{A} = \overline{\mathfrak{B}} \qquad \mathfrak{C} = \overline{\mathfrak{D}}$$

geschrieben und der neue Parameter $t = \frac{1}{p}$ eingeführt wird. Das ist in der Tat eine zu Gl. (39) identische Gleichung. Es kann also die für die erste Form angegebene Konstruktion nach Einführung obiger Substitution unverändert übernommen werden. Der Unterschied in den Diagrammen besteht dann lediglich darin, daß die p-Teilung auf der Bezifferungslinie im zweiten Falle eine Reziprokfunktion ist und aus einer reziproken statt einer regulären Skala entsteht.

4. $\mathfrak{C}$ veränderlich.

Ist in der allgemeinen Kreisgleichung

$$\mathfrak{K} = \frac{\mathfrak{A} + p\,\mathfrak{B}}{\mathfrak{C} + p\,\mathfrak{D}}$$

der Vektor $\mathfrak{C}$ eine Funktion eines zweiten Parameters r, und zwar

$$\mathfrak{C} = \mathfrak{C}_0 + \mathfrak{R}\,(r),$$

so heißt die Gleichung der damit entstehenden Kreisschar

$$\mathfrak{K} = \frac{\mathfrak{A} + p\,\mathfrak{B}}{\mathfrak{C}_0 + \mathfrak{R} + p\,\mathfrak{D}} \quad \ldots\ldots\ldots \quad (50)$$

Ihr reziproker Wert, die Kreisschar

$$\overline{\mathfrak{K}} = \frac{1}{\mathfrak{K}} = \frac{\mathfrak{C}_0 + \mathfrak{R} + p\,\mathfrak{D}}{\mathfrak{A} + p\,\mathfrak{B}} \quad \ldots\ldots\ldots \quad (51)$$

entspricht vollauf dem Typus Gl. (39). Es erscheint daher angezeigt, vorerst diese Schar nach den bereits bekannten Regeln zu ermitteln und dann zu invertieren, was wir ja ebenfalls bereits besprochen haben. Für die Schar $\overline{\mathfrak{K}}$ erhält man dann wieder einen gemeinsamen Punkt $\overline{\mathfrak{L}} = \frac{\mathfrak{D}}{\mathfrak{B}}$; für die Schar $\mathfrak{K}$ ist also dieser Punkt $\mathfrak{L} = \frac{1}{\overline{\mathfrak{L}}} = \frac{\mathfrak{B}}{\mathfrak{D}}$. Außerdem liefert die Ermittlung für $\overline{\mathfrak{K}}$ eine nach r bezifferte Mittelpunktskurve. Es ist also jetzt jeder Kreis $r =$ konst. zu invertieren. Dazu haben wir laut Gl. (32) für jeden Mittelpunktsvektor $\overline{\mathfrak{M}}$ — also für alle Vektoren der Mittelpunktskurve — das Spiegelbild zu zeichnen und den Wert $\frac{\overline{M}}{\overline{K}_g \overline{K}_k}$ abzutragen. $\overline{K}_g$ und $\overline{K}_k$ werden dabei am einfachsten so erhalten, daß man auf den einzelnen Mittelpunktsvektoren den jeweiligen Halbmesser $\overline{M}\,\overline{L}$ nach beiden Seiten aufträgt, wie es auch in der Abb. 37 angegeben ist.

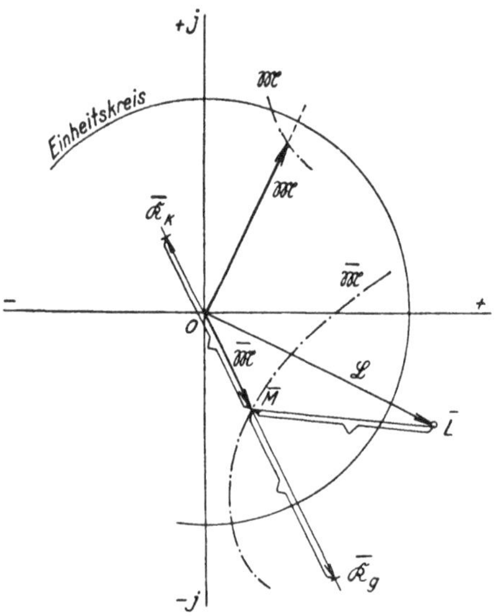

Abb. 37. Ermittlung der Mittelpunktslinie $\mathfrak{M}$ aus ihrer Inversen $\overline{\mathfrak{M}}$.

Zur Konstruktion der $p =$ konst.-Linien verfährt man für die Kreisschar $\overline{\mathfrak{K}}$ so, wie es für den Fall der Gl. (39) beschrieben wurde, und geht dann je nach der Art der Kurve $\mathfrak{R}$ bei der Inversion vor; d. h. man invertiert entweder das Kreisbüschel der $p =$ konst.-Kreise oder nimmt bei der Inversion der $r =$ konst.-Kreise die einzelnen Bezifferungsgeraden mit.

Wie zu erwarten, vereinfacht sich die Konstruktion auch hier wesentlich, wenn die Funktion $\mathfrak{R}(r)$ zur Geraden $r\mathfrak{R}$ wird, was in der praktischen Anwendung oft eintritt. Die Ermittlung der Kreisschar $\overline{\mathfrak{K}}$ folgt dann der Beschreibung zu den Gl. (45) bis (47). Die $p =$ konst.-Linien bilden ein Geradenbüschel durch den Gegenpunkt $\overline{G}$ (s. Abb. 36). Die Kreisschar $\mathfrak{K}$ erhält man jetzt durch Inversion der Schar $\overline{\mathfrak{K}}$. Man sucht zu diesem Zwecke nach Abb. 30 die beiden inversen Trägerpunkte und zieht deren Symmetrale. Auf dieser erhält man dann in der beschriebenen Weise die Bezifferung nach r mit Hilfe des Spiegelbildes zur Mittelpunktsgeraden $\overline{\mathfrak{M}}_r$.

Das Geradenbüschel der $p =$ konst.-Linien wird nach Abschnitt IIIa2δ zu einer Kreisschar durch den Ursprung und dem inversen Punkt G zu $\overline{G}$. Die Ermittlung folgt der Vorschrift nach Abb. 29. Danach ist die Symmetrale zur Strecke OG bereits die Mittelpunktsgerade $\mathfrak{M}_p$ für die $p =$ konst.-Kreisschar. Für die Bezifferung nach p ist folgende Überlegung anzustellen: Die Bezifferungsgerade $\overline{\mathfrak{B}}_p$ für das Geradenbüschel durch $\overline{G}$ steht nach Abb. 36 normal auf der Mittelpunktsgeraden $\mathfrak{M}$. Ihr Abstand vom Träger $\overline{G}$ ist dem Normalabstand des Ursprunges O von der Nennergeraden von $\overline{\mathfrak{K}}$, das ist von $\mathfrak{A} + p\,\mathfrak{B}$ gleich. Nach Abb. 29 wäre nun $\overline{\mathfrak{B}}_p$ um 90° zu drehen, dabei in den gleichen Abstand vom

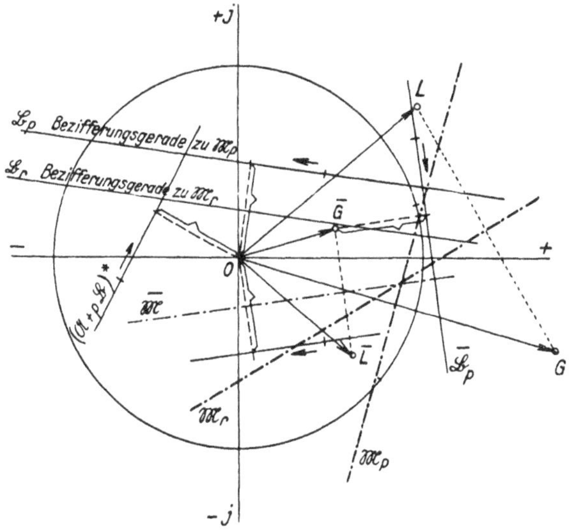

Abb. 38. Ermittlung der Mittelpunkts- und Bezifferungsgeraden zur Kreisschar $\mathfrak{K} = \dfrac{\mathfrak{A} + p\,\mathfrak{B}}{\mathfrak{C}_0 + r\,\mathfrak{R} + r\,\mathfrak{D}}$.

Ursprung zu verschieben und zu spiegeln. Dasselbe wird wegen der Winkelverhältnisse erreicht, wenn man gleich durch den Ursprung eine Normale auf $\mathfrak{M}$ errichtet und die Parallele zu $\mathfrak{M}$ im Normalabstand der Nennergeraden von O spiegelt. Die so erhaltene Gerade ist dann die Bezifferungsgerade $\mathfrak{B}_p$ zur Mittelpunktsgeraden $\mathfrak{M}_p$ für das $p =$ konst.-Kreisbüschel. Diese ganz einfache Ermittlung, die nur etwas umständlich zu beschreiben ist, ist übersichtlichshalber in der Abb. 38 nochmals dargestellt.

5. $\mathfrak{D}$ veränderlich.

Machen wir die Substitution

$$\mathfrak{D} = \mathfrak{D}_0 + \mathfrak{R}(r),$$

so heißt die Gleichung der Kreisschar

$$\mathfrak{K} = \frac{\mathfrak{A} + p\,\mathfrak{B}}{\mathfrak{C} + p\,(\mathfrak{D}_0 + \mathfrak{R})} \quad \ldots \ldots \ldots \quad (52)$$

Um auch hier wieder auf den vorigen Fall zurückzukommen, dividieren wir durch p und erhalten

$$\mathfrak{R} = \frac{\mathfrak{B} + \frac{1}{p}\mathfrak{A}}{\mathfrak{D}_0 + \mathfrak{N} + \frac{1}{p}\mathfrak{C}} = \frac{\mathfrak{A}' + t\,\mathfrak{B}'}{\mathfrak{C}_0' + \mathfrak{N} + t\,\mathfrak{D}'} \quad . \; . \; . \; . \quad (53)$$

mit

$$\mathfrak{B} = \mathfrak{A}' \qquad \mathfrak{D}_0 = \mathfrak{C}_0'$$
$$\mathfrak{A} = \mathfrak{B}' \qquad \mathfrak{C} = \mathfrak{D}'$$
$$t = \frac{1}{p}.$$

Das ist die Gleichung einer Kreisschar nach dem Typus Gl. (50). Sie kann nach den dort angegebenen Regeln, also aus ihrer Inversion ermittelt werden. Das Ergebnis ist das gleiche, nur die Skalen erhalten wieder eine Reziprokteilung.

6. Konzentrische Kreisschar.

Eine konzentrische Kreisschar entsteht, wenn man die Gl. (30) des allgemeinen Kreises in der Winkeldarstellung wie folgt ergänzt:

$$\mathfrak{R} = \mathfrak{A} + \mathfrak{D}\mathfrak{B}, \quad . \; . \; . \; . \; . \; . \; . \; . \; . \; . \quad (54)$$

wobei

$$\mathfrak{D} = d\,e^{j\delta} \quad . \; . \; . \; . \; . \; . \; . \; . \; . \; . \; . \quad (54\text{a})$$

sowohl der Größe als auch der Richtung nach parametrisch veränderlich ist. Die Konstruktion des Diagrammes, die in der Abb. 39 dargestellt ist, ergibt sich unmittelbar aus der Winkeldarstellung des Kreisdiagrammes. Für jedes konstante d ergibt sich demnach ein Kreis um den Mittelpunkt $\mathfrak{A}$. Die $\delta =$ konstant-Linien bilden ein Geradenbüschel mit A als Träger.

Selbstverständlich kann auch hier die Veränderlichkeit der Parameter d und δ nach irgend einem anderen Gesetz (z. B. reziproke und cos φ-Funktion) erfolgen.

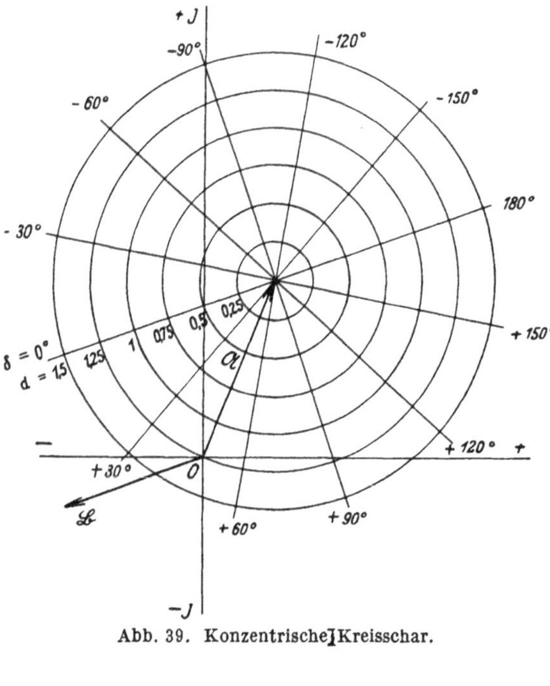

Abb. 39. Konzentrische Kreisschar.

D. Zahlenbeispiele.

I. Die Gerade.

a) Spannungsabfall auf einer Freileitung.

Es liege folgendes Problem vor: Auf einer 20-kV-Drehstromleitung von 30 km Länge und einem Leiterquerschnitt von 50 mm² soll Leistung übertragen werden. Der Leistungsfaktor beträgt 0,8 bei allen Belastungen. Welche Spannung ist am Anfang der Leitung aufzubringen, damit die Spannung am Ende der Leitung bei jeder Belastung 20 kV beträgt?

Ist die Spannung am Anfang der Leitung $\mathfrak{U}_1$, am Abnehmerende $\mathfrak{U}_2$ und bezeichnet $\mathfrak{J}$ den in der Leitung fließenden Belastungsstrom, so lautet die Spannungsgleichung

$$\mathfrak{U}_2 = \mathfrak{U}_1 + \mathfrak{J}\mathfrak{z}, \qquad (55)$$

worin

$$\mathfrak{z} = -R - j\omega L$$

die Impedanz der Leitung vorstellt und die Spannungen und Ströme je Phase gerechnet werden. Die am Leitungsende abgenommene Wirkleistung ist dann

$$W = 3\, U_2\, J \cos\varphi.$$

Setzen wir dies in Gl. (55) ein, so wird

$$\mathfrak{U}_1 = \mathfrak{U}_2 - \frac{W}{3\,\mathfrak{U}_2 \cos\varphi}\,\mathfrak{z}.$$

Multiplizieren wir noch auf beiden Seiten mit $\sqrt{3}$, um verkettete Spannungen zu bekommen, und nehmen wir an, daß die Buchstaben U_1 und U_2 bereits die verketteten Spannungen bedeuten, so wird schließlich

$$\mathfrak{U}_1 = \mathfrak{U}_2 - W\frac{\mathfrak{z}}{\mathfrak{U}_2 \cos\varphi} = \mathfrak{U}_2 + W\frac{R + j\omega L}{\mathfrak{U}_2 \cos\varphi} \qquad (56)$$

Darin ist W die parametrisch veränderliche Wirkleistung und $\mathfrak{U}_1$ der gesuchte Spannungsvektor am Leitungsanfang; die anderen Größen sind konstant. Die Beziehung (56) ist also die Gleichung einer Geraden und entspricht dem Typus Gl. (26).

Zur zahlenmäßigen Auswertung entnehmen wir den in jedem elektrotechnischen Hilfsbuch enthaltenen Tabellen die Werte:

$$R = 0{,}373 \text{ Ohm/km, also für 30 km: } R = 11{,}2 \text{ Ohm},$$
$$\omega L = 0{,}4 \text{ Ohm/km, also für 30 km: } \omega L = 12 \text{ Ohm},$$

ferner war

$$\mathfrak{U}_2 = U_2 = 20 \text{ kV},$$
$$\cos\varphi = 0{,}8.$$

Die Phasenlage von $\mathfrak{U}_2$ ist noch willkürlich wählbar. Wir vereinfachen natürlich soweit als möglich und legen $\mathfrak{U}_2$ in die positive reelle Achse, weshalb wir auch U_2 statt $\mathfrak{U}_2$ setzen können. Unsere Ausgangsgleichung lautet dann nach dem Einsetzen der Zahlenwerte

$$\mathfrak{U}_1 = 20 + \frac{W}{1000}\,\frac{11{,}2 + j\,12}{16} = 20 + \frac{W}{1000}\,(0{,}7 + j\,0{,}75),$$

wobei im zweiten Glied noch durch 1000 dividiert wurde, damit die Belastung in Kilowatt eingesetzt werden kann.

Zur Darstellung dieser Gleichung zeichnen wir in der Abb. 40 vorerst den Vektor $U_2 = 20$. (Wegen des kleinen zur Verfügung stehenden Raumes wurde das Diagramm durchtrennt und zusammengeschoben gezeichnet.) Der Maßstab sei dabei mit 1 cm = 3 kV gewählt. Vom Punkt 20 aus tragen wir nun die Strecke $0{,}7 + j\,0{,}75$ in irgendeinem Maßstab, z. B. 1 cm = 0,3 auf, indem wir die reelle und imaginäre Komponente anfügen. Die Verlängerung der so erhaltenen Verbindungsstrecke ab ist bereits die gesuchte Gerade. Wählen wir nun etwa $W = 10000$ kW als Bezifferungseinheit, so haben wir die Strecke ab nach obiger Zahlengleichung mit $\frac{10000}{1000} = 10$ zu multiplizieren. Diese Einheitsstrecke ist aber natürlich im gleichen Maßstab wie U_2 aufzutragen. Da der Maßstab für die Strecke $0{,}7 + j\,0{,}75$ gerade 10mal kleiner war, wie der für U_2, so entspricht der Punkt b bereits dem Skalenwert $W =$ 10000 kW. Die übrigen Skalenpunkte können jetzt leicht durch reguläre Teilung gefunden werden. Man erhält jetzt zu jeder Wirkbelastung W den Spannungsvektor $\mathfrak{U}_1$ am Anfang der Leitung bei konstanter Spannung $U_2 = 20$ kV am Ende derselben durch Verbinden des Ursprunges O mit dem entsprechenden Punkt auf der W-Skala. In der Abbildung wurde beispielsweise die Spannung $\mathfrak{U}_1$ für eine Belastung von $W = 5000$ kW eingetragen. Sie ergibt sich zu 23,8 kV; ihre Phasenverschiebung gegenüber $\mathfrak{U}_2$ beträgt etwa 10^0 voreilend.

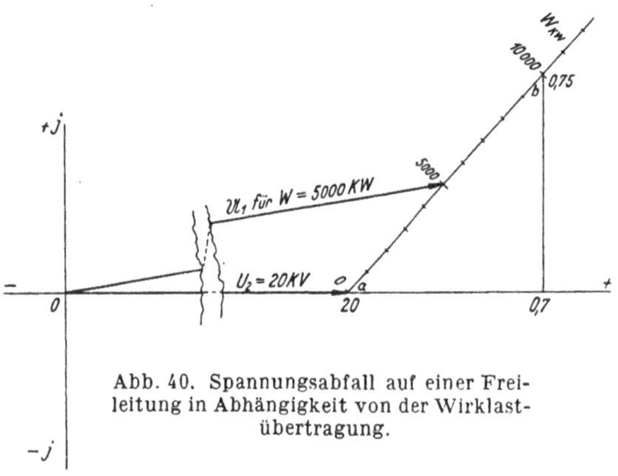

Abb. 40. Spannungsabfall auf einer Freileitung in Abhängigkeit von der Wirklastübertragung.

b) Stromkreis mit veränderlicher Induktivität.

Wir wollen noch ein Beispiel einer Geraden als Ortskurve behandeln und hiefür einen Sonderfall wählen, bei dem wir eine reziproke Skala erhalten.

Es liege die in der Abb. 41 dargestellte Parallelschaltung von Ohmschem, induktivem und kapazitivem Widerstand vor. Die Induktivität der Spule sei veränderlich, und es ist gefragt, wie sich mit Änderung der Induktivität der Gesamtstrom verändert.

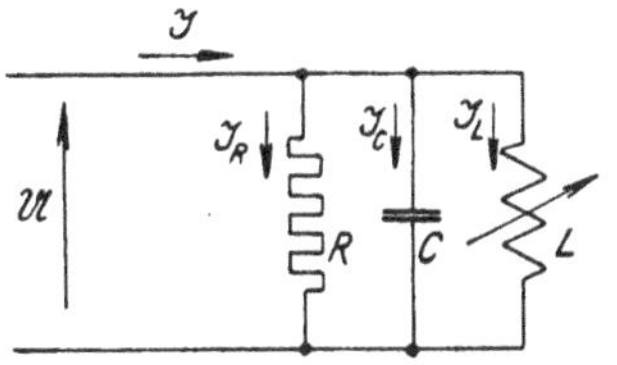

Abb. 41. Parallelschaltung von Widerständen mit veränderlicher Induktivität.

Die Teilströme in den parallelen Zweigen sind nach Seite 21

$$\mathfrak{J}_R = \frac{U}{R};\ \mathfrak{J}_L = \frac{U}{j\,\omega L};\ \mathfrak{J}_C = U\,j\,\omega\,C;$$

daher der Gesamtstrom

$$\mathfrak{J} = U\left(\frac{1}{R} + j\,\omega\,C\right) + \frac{U}{j\,\omega L}.$$

Die Induktivität der Spule soll nun veränderlich sein, so daß etwa

$$L = n\,L_e$$

gesetzt werden kann. Dann wird

$$\mathfrak{J} = U\left(\frac{1}{R} + j\,\omega\,C\right) + \frac{U}{n\,j\,\omega L_e} \quad \ldots\ldots \quad (57)$$

Das ist die Gleichung einer Geraden mit dem Parameter $\frac{1}{n}$, also mit reziproker Teilung.

Wir nehmen nun an:

$U = 200$ Volt
$R = 250$ Ohm
$C = 8\,\mu$F; bei $\nu = 50$ ist dann $\omega C = 100\,\pi \cdot 8 \cdot 10^{-6} = 2{,}5 \cdot 10^{-3}$ Mho
$L_e = 40$ mH; bei $\nu = 50$ ist dann $\omega L_e = 100\,\pi \cdot 40 \cdot 10^{-3} = 12{,}5$ Ohm.

Der gesuchte Strom folgt dann der Gleichung

$$\mathfrak{J} = 200\left(\frac{1}{250} + j\,2{,}5 \cdot 10^{-3}\right) + \frac{200}{n\,j\,12{,}5}$$

oder

$$\mathfrak{J} = (0{,}8 + j\,0{,}5) - \frac{1}{n}\,j\,16 \quad \ldots\ldots\ldots \quad (58)$$

Zur Darstellung dieser Gleichung zeichnen wir in Abb. 42 vorerst den Klammerausdruck $0{,}8 + j\,0{,}5$ unter Erhalt des Punktes A. Für beispielsweise $n = 10$ ist dann $-j\,1{,}6$ von A aus nach abwärts und parallel zur imaginären Achse zu zeichnen. Für $n = 20$ liegt der Punkt im Abstand 0,8 von A entfernt. Die n-Skala auf der Ortsgeraden ist nun eine reziproke Skala. Da solche Skalen häufig sind, wollen wir kurz die zeichnerische Ermittlung derselben beschreiben. Sie gilt in gleicher Weise für alle sog. projektiven Skalen, das sind jene Skalen, die die Funktion $z = \frac{m\,x + n}{p\,x + q}$ der abzubildenden Größe x darstellen. Die Theorie dieser Skalen lehrt nun, daß sie in einfachster Weise aus einer regulären Skala gewonnen werden können. Man braucht nur drei Punkte der projektiven Skala zu berechnen und eine gewöhnliche, reguläre Skala so anzuordnen, daß ein Punkt mit gleichem x mit dem ent-

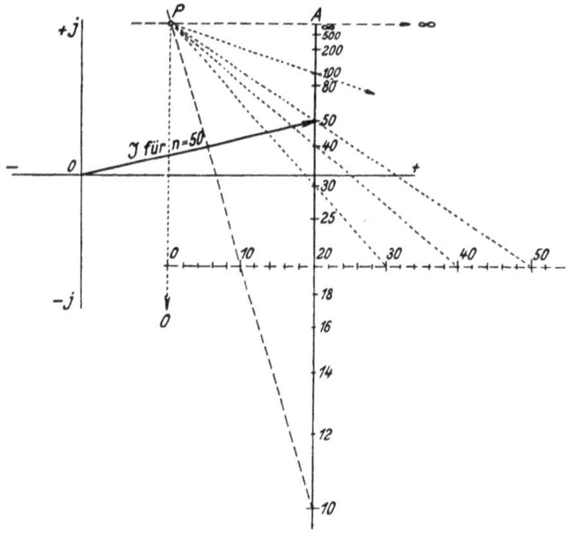

Abb. 42. Ortskurve für den Strom in einer Widerstandsparallelschaltung mit veränderlicher Induktivität; reziproke Skala.

sprechenden auf der projektiven Skala berechneten zusammenfällt. Die sonstige Lage dieser regulären Skala sowie der Maßstab, in dem sie entworfen wurde, sind dabei gleichgültig, so daß diese Größen so gewählt werden können, daß die Konstruktion möglichst günstig wird. Verbindet man nun noch die zwei übrigen Punktepaare mit gleichem x durch je einen Suchstrahl, so erhält man im Schnittpunkt dieser beiden Strahlen den »Pol«, von dem aus man die Bezifferungsstrahlen zur regulären Skala zieht und die auf der anderen Skala die projektive Teilung abtragen.

Gehen wir nun zu unserem Beispiel zurück, so können wir bereits die beiden errechneten Punkte $n = 10$ und $n = 20$ für die Konstruktion benützen. Wir legen eine reguläre Skala, etwa parallel zur x-Achse, so, daß die Punkte 20 koinzidieren, und verbinden die Punkte $n = 10$ miteinander. Diese Verbindungslinie ist nun durch eine zweite solche Verbindungslinie zum Schnitt zu bringen. Für diese wählen wir etwa die Punkte $n = \infty$. Für die projektive Skala entspricht diesem Wert der schon früher gefundene Punkt A. Auf der regulären Skala liegt dieser Punkt im Unendlichen. Die Verbindungslinie ist also die Parallele zur regulären Skala — und damit in unserem Falle zur reellen Achse — im Punkt A. Im Schnittpunkt mit der früheren Verbindungslinie erhalten wir dann den Pol P, von dem aus — wie in der Abbildung gezeichnet — die Bezifferungsstrahlen gezogen werden können.

Damit ist unsere Aufgabe gelöst und die gesuchte Ortskurve gefunden. Man sieht sofort, daß es für n einen ausgezeichneten Wert gibt, für den $\mathfrak{J}$ ein Minimum wird, es ist dies der Fall für $n = 32$. Der Strom ist dann in Phase mit der aufgedrückten Spannung (Stromresonanz).

II. Der Kreis.

a) Der Kreis durch den Ursprung; Spannungsverlagerung in einem gelöschten, unsymmetrischen Dreiphasennetz.

In einem vollkommen symmetrischen Drehstromnetz hat der Sternpunkt des Transformators das Potential Null gegen Erde. Schließt man daher zwischen den Transformatorsternpunkt und Erde eine Drosselspule (Löschspule), so wird diese von keinem Strom durchflossen. Ist nun das Netz aber nicht symmetrisch, so bewirkt die ungleiche Kapazitätsverteilung eine Verlagerung des Sternpunktes auch schon bei gesundem Zustand des Netzes. Diese Verlagerungsspannung treibt durch die Löschspule und über die Erdkapazitäten der einzelnen Leiter einen in den drei Leitern gleichphasigen Strom (Nullstrom), dessen Größe, ebenso wie das Maß der Verlagerungsspannung von der Höhe der Unsymmetrie und vom Verhältnis der Drosselinduktivität zur Leitungskapazität abhängt. Wir wollen nun für einen bestimmten Fall die Abhängigkeit der Verlagerungsspannung von der Einstellung der Löschspule berechnen[1]).

Bezeichnet man mit

$\mathfrak{U}_n$ die Phasenspannung ($n = R, S, T$),
$\mathfrak{U}_{sp}$ die Verlagerungsspannung des Sternpunktes,
C_n die Erdkapazität eines Leiters und
$\mathfrak{Z}_{sp}$ die Impedanz der Löschspule,

so gilt die Gleichung

$$\sum_R^T (\mathfrak{U}_{sp} + \mathfrak{U}_n)\, j\,\omega\, C_n = \mathfrak{J}_s = \frac{\mathfrak{U}_{sp}}{\mathfrak{Z}_{sp}} \quad \ldots\ldots \quad (59)$$

oder anders geschrieben

$$\mathfrak{U}_{sp}\left(\sum_R^T j\,\omega\, C_n - \frac{1}{\mathfrak{Z}_{sp}}\right) + \sum_R^T \mathfrak{U}_n\, j\,\omega\, C_n = 0.$$

[1]) Für ein eingehenderes Studium siehe G. Oberdorfer, »Der Erdschluß und seine Bekämpfung«. Verlag Julius Springer. 1930.

Die Spannungsverlagerung des Netzes ist also

$$\mathfrak{U}_{Sp} = -\frac{\sum\limits_{R}^{T} \mathfrak{U}_n \, j \, \omega \, C_n}{\sum\limits_{R}^{T} j \, \omega \, C_n - \frac{1}{\mathfrak{Z}_{Sp}}} \quad \ldots\ldots\ldots \quad (60)$$

Wenn wir diesen Bruch mit

$$\mathfrak{U}_n \sum_{R}^{T} j \, \omega \, C_n$$

erweitern und die Substitutionen

$$\frac{\sum\limits_{R}^{T} \mathfrak{U}_n \, j \, \omega \, C_n}{\mathfrak{U}_n \sum\limits_{R}^{T} j \, \omega \, C_n} = \mathfrak{u} \quad \ldots\ldots\ldots\ldots \quad (61)$$

und

$$\frac{\sum\limits_{R}^{T} j \, \omega \, C_n - \frac{1}{\mathfrak{Z}_{Sp}}}{\sum\limits_{R}^{T} j \, \omega \, C_n} = \frac{\sum\limits_{R}^{T} j \, \omega \, C_n + \frac{1}{j \, \omega L_{Sp}} + \frac{1}{R_{Sp}}}{\sum\limits_{R}^{T} j \, \omega \, C_n} = v + \frac{1}{R_{Sp} \sum\limits_{R}^{T} j \, \omega \, C_n} \quad (62)$$

einführen, wird schließlich

$$\mathfrak{U}_{Sp} = -\mathfrak{U}_R \frac{\mathfrak{u}}{v + \frac{1}{R_{Sp} \sum\limits_{R}^{T} j \, \omega \, C_n}} \quad \ldots\ldots \quad (63)$$

Der Ausdruck Gl. (61) stellt das Verhältnis zwischen »Unsymmetriestrom« zum Erdschlußstrom des Netzes dar, wobei unter Unsymmetriestrom jener Strom verstanden ist, der infolge der Unsymmetrie der Leitung bei satter Erdung des Sternpunktes über diese Erdleitung fließen würde. u ist also direkt ein Maß für den Grad der Unsymmetrie des Netzes.

Ganz analog stellt v in der Gl. (62) das Verhältnis zweier Ströme dar, und zwar das Verhältnis des induktiven Reststromes an der Erdschlußstelle (d. i. die Differenz zwischen kapazitivem Erdschlußstrom $U \Sigma j \omega C$ und Löschstrom $j \frac{U}{\omega L_S}$) zum Erdschlußstrom selbst. Dieses Verhältnis ist also ein Maß der Abstimmung oder der »Verstimmung« der Löschspule und wird daher »Verstimmung« genannt.

Haben wir also in einem konkreten Falle mit einer bestimmten Netzunsymmetrie zu rechnen, so können wir die hiedurch hervorgerufene

Sternpunktsverlagerung bei gesundem Netz dadurch verändern, daß wir die Verstimmung der angeschlossenen Löschspule ändern. Der Zusammenhang zwischen Verlagerungsspannung und Verstimmung ist nach Gl. (63) durch ein Kreisdiagramm durch den Ursprung gekennzeichnet.

Nehmen wir nun folgende Zahlenwerte an:

$$U = \frac{20000}{\sqrt{3}} = 11500 \text{ Volt},$$

$$R_{Sp} = 100000 \text{ Ohm},$$

$$\omega L_{Sp} = 4000 \text{ Ohm},$$

$$\sum_{R}^{T} \omega C_n = 0{,}0002 \text{ Mho},$$

$\mathfrak{u} = 0{,}04 + j\,0{,}03$ (ergibt sich aus der Kapazitätsaufteilung in den drei Phasen),

dann lautet unsere Ausgangsgleichung in Zahlenwerten

$$\mathfrak{U}_{Sp} = -11500 \frac{0{,}04 + j\,0{,}03}{v + \frac{1}{j\,20}}$$

oder vereinfacht und v in Prozenten eingesetzt

$$\mathfrak{U}_{Sp} = \frac{46000 + j\,34500}{j\,5 - v} \quad \text{. . . . .} \quad (64)$$

Diese Kreisgleichung wollen wir nun in der Abb. 43 an Hand der Vorschriften auf S. 28 darstellen. Da die Nennergerade $j5 - v$ hier so einfach ist, können wir gleich ihr Spiegelbild $\mathfrak{G}^* = -j5 - v$ in irgendeinem Maßstab parallel zur reellen Achse zeichnen. Ihr Normalabstand vom Ursprung ist 5; der reziproke Wert $\frac{1}{5} = 0{,}2$. Der Kreishalbmesser ist also 0,1 und fällt in die imaginäre Achse. Jetzt könnte bereits der Kreis

$$\frac{1}{j\,5 - v}$$

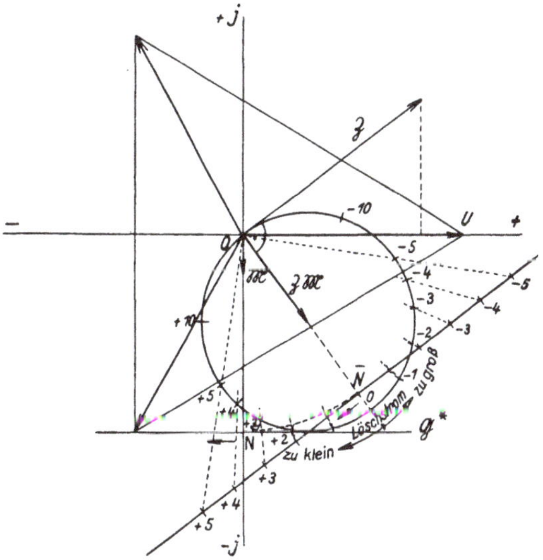

Abb. 43. Spannungsverlagerung in einem unsymmetrischen Drehstromnetz bei angeschlossener Löschspule.

gezeichnet werden. Dieser ist aber noch mit

$$\mathfrak{Z} = 46000 + j\,34500$$

drehzustrecken. Wir zeichnen daher vorerst noch $\mathfrak{Z}$ durch Auftragen der reellen und imaginären Komponente und bilden $\mathfrak{M}\,\mathfrak{Z}$. Da $\mathfrak{M}$ rein imaginär — und zwar negativ — ist, liegt $\mathfrak{M}\,\mathfrak{Z}$ um 90^0 nacheilend gegen $\mathfrak{Z}$ verschoben. Die Größe ergibt sich aus $|\mathfrak{M}| = 0{,}1$ und $|\mathfrak{Z}| = 57500$ zu 5750. Wir tragen nun diesen Wert in irgendeinem Maßstab, etwa 1 cm = 4000 Volt, auf und können bereits den gesuchten Kreis zeichnen. Zur Bezifferung desselben benötigen wir noch eine Bezifferungsgerade. Diese erhalten wir, indem wir die Gerade $\mathfrak{G}^*$ bei der Drehstreckung von $\mathfrak{M}$ nach $\mathfrak{Z}\,\mathfrak{M}$ mitnehmen. Wir verdrehen also die Strecke ON nach $O\bar{N}$ und ziehen in $\bar{N}$ die Normale auf $\mathfrak{Z}\,\mathfrak{M}$. Tragen wir auf dieser nunmehr im Maßstab in dem $\mathfrak{G}^*$ gezeichnet wurde — das war 1 cm = 2 — die v-Skala auf, so ist für den Kreis eine Bezifferungsgerade gefunden; wir können also die Bezifferungsstrahlen zeichnen und erhalten damit die v-Teilung am Kreis in Prozenten. Man sieht, daß die Spannungsverlagerung im gesunden Zustand des Netzes um so kleiner wird, je größer die Verstimmung der Löschspule ist; ja man muß sogar die Verstimmung im vorliegenden Fall auf ein Mindestmaß einstellen, damit die Spannungsverlagerung nicht zu groß wird. Man kann dem Diagramm zu jeder Verstimmung und zwar für den Fall zu kleinen als auch zu großen Löschstromes — das ist für positives und negatives v —, die Spannungsverlagerung der Größe und Phasenlage nach direkt entnehmen.

b) Der Kreis allgemeiner Lage; Primärstrom des belasteten Lufttransformators.

Für den Transformator ohne Eisen können wir das Ersatzschaltbild nach Abb. 44 entwerfen. Der Primärwicklung, die den Ohmschen Widerstand R_1 und die Induktivität L_1 aufweist, werde die Spannung $\mathfrak{U}$ aufgedrückt. Die Sekundärwicklung sei durch die Impedanz $\mathfrak{z}$ belastet. Bezeichnet M die gegenseitige Induktivität, so gelten für den Primär- und Sekundärkreis die Gleichungen

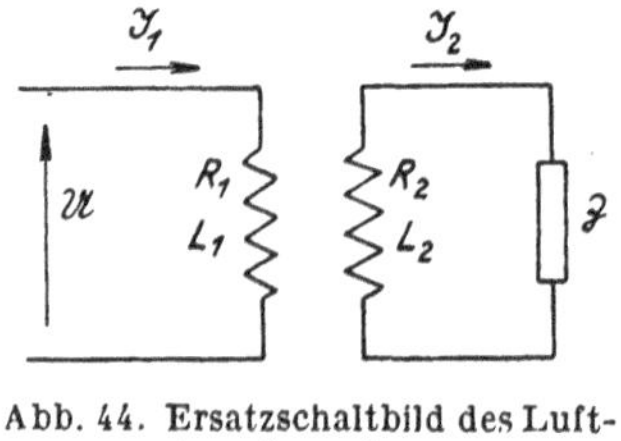

Abb. 44. Ersatzschaltbild des Lufttransformators.

$$\mathfrak{U} + \mathfrak{J}_1(-R_1 - j\,\omega L_1) - \mathfrak{J}_2\, j\,\omega M = 0 \qquad (65)$$

und

$$0 + \mathfrak{J}_2(-R_2 - j\omega L_2 + \mathfrak{Z}) - \mathfrak{J}_1\, j\,\omega M = 0 \qquad (66)$$

Rechnen wir nun aus der zweiten Gleichung den Strom $\mathfrak{J}_2$ aus und setzen ihn in die erste ein, so wird nach einer kleinen Umformung und Einführung der Substitution $M^2 = L_1 L_2 (1 - \sigma)$:

$$\mathfrak{J}_1 = \mathfrak{U}\,\frac{R_2 + j\,\omega L_2 - p\,\mathfrak{Z}_0}{R_1 R_2 - \omega^2 L_1 L_2 \sigma + j(R_1 \omega L_2 + R_2 \omega L_1) - p\,\mathfrak{Z}_0 (R_1 + j\,\omega L_1)} \qquad (67)$$

Hierin haben wir angenommen, daß der Belastungswiderstand $\mathfrak{Z}$ irgendein Vielfaches eines Einheitswiderstandes $\mathfrak{Z}_0$ sei, also

$$\mathfrak{Z} = p\,\mathfrak{Z}_0 \quad \text{. . . . .} \quad (68)$$

gesetzt werden kann. Diese Annahme bedeutet, daß die Belastung stets unter dem gleichen $\mathfrak{Z}_0$ eigentümlichen Phasenwinkel erfolgt. Die Gl. (67) ist dann offensichtlich die Gleichung eines Kreises allgemeiner Lage mit p als Parameter.

Für ein Zahlenbeispiel machen wir folgende Annahmen:

Der in Frage stehende Lufttransformator von einer Leistung von 10 kVA bei 230 Volt habe ein Übersetzungsverhältnis 1:1 und folgende, seinem konstruktiven Aufbau entsprechenden Festwerte:

$$R_1 = 0{,}5 \text{ Ohm}$$
$$\omega L_1 = 11 \text{ Ohm}$$
$$R_2 = 0{,}4 \text{ Ohm}$$
$$\omega L_2 = 10{,}8 \text{ Ohm}$$
$$\sigma = 0{,}165.$$

Der Belastungswiderstand sei ein Vielfaches der Einheit

$$\mathfrak{Z}_0 = -R - j\,\omega L = -0{,}8 - j\,0{,}6.$$

Die Gl. (65) lautet dann in Zahlenwerten

$$\mathfrak{J}_1 = 230\,\frac{0{,}4 + j\,10{,}8 + p\,(0{,}8 + j\,0{,}6)}{-19{,}4 + j\,9{,}8 + p\,(0{,}8 + j\,0{,}6)\,(0{,}5 + j\,11)}$$

oder

$$\mathfrak{J}_1 = \frac{92 + j\,2485 + p\,(184 + j\,138)}{-19{,}4 + j\,9{,}8 + p\,(-6{,}2 + j\,9{,}1)} \quad \text{. . . . . . .} \quad (69)$$

Zur zeichnerischen Darstellung dieser Gleichung tragen wir vorerst in Abb. 45 die vier Vektoren

$$\mathfrak{A} = 92 + j\,2485$$
$$\mathfrak{B} = 184 + j\,138$$
$$\mathfrak{C} = -19{,}4 + j\,9{,}8$$
$$\mathfrak{D} = -6{,}2 + j\,9{,}1$$

in irgendeinem Maßstab auf und lesen deren Absolutwerte

$$|\mathfrak{A}| = 2490,$$
$$|\mathfrak{B}| = 230,$$
$$|\mathfrak{C}| = 21{,}7,$$
$$|\mathfrak{D}| = 11{,}1$$

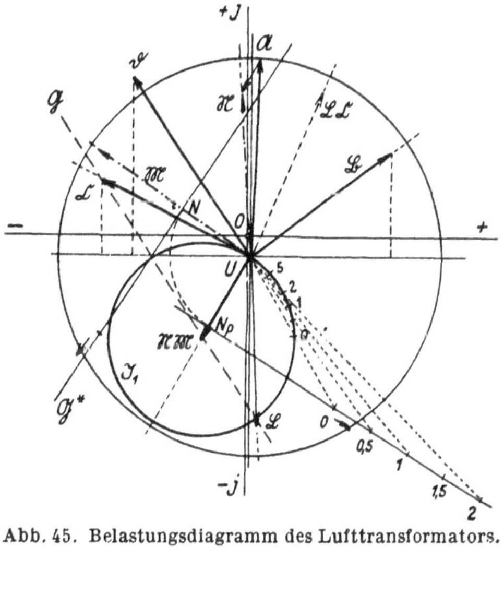

Abb. 45. Belastungsdiagramm des Lufttransformators.

ab, die wir im Diagramm selbst oder sonst irgendwo getrennt vormerken. Hiebei hängt die Wahl des Maßstabes in erster Linie von der gewünschten Genauigkeit der Ablesungen ab. Es ist ohne weiteres zulässig, jeden Vektor, wenn nötig, in einem anderen Maßstab aufzutragen. Das Argument bleibt ja dabei unverändert. Bei Multiplikationen werden dann nur die seitlich notierten Absolutwerte verwendet; bei den Vektoradditionen müssen aber dann die zu addierenden Vektoren auf gleichen Maßstab gebracht werden.

Wir ziehen nun die Nennergerade $\mathfrak{G} = \mathfrak{C} + p\mathfrak{D}$ und zeichnen ihr Spiegelbild $\mathfrak{G}^*$, auf dem wir den Ausgangspunkt und die positive Richtung der p-Teilung anmerken. Wir ziehen jetzt die Normale zu $\mathfrak{G}^*$ durch den Ursprung und messen den Normalabstand des Ursprunges von der Geraden $\mathfrak{G}^*$ ab. Er beträgt 10,4. Der Mittelpunktsvektor $\mathfrak{M}$ des Kreises $\frac{1}{\mathfrak{C} + p\,\mathfrak{D}}$ hat also die Größe $\frac{1}{2 \cdot 10{,}4} = 0{,}048.$

Wir suchen jetzt $\mathfrak{L} = \frac{\mathfrak{B}}{\mathfrak{D}}$ durch Ausführen der Division und erhalten für $|\mathfrak{L}| = \frac{230}{11{,}1} = 20{,}7.$ Diesen Vektor haben wir noch mit $\mathfrak{C}$ zu multiplizieren und erhalten $|\mathfrak{L}\mathfrak{C}| = 20{,}7 \times 21{,}7 = 449.$ Um $\mathfrak{N}$ zu erhalten, bilden wir jetzt $\mathfrak{A} - \mathfrak{L}\mathfrak{C}$, wobei nunmehr diese beiden Vektoren in gleichem Maßstabe aufzutragen sind (in der Figur im Maßstab in dem $\mathfrak{A}$ gezeichnet wurde). Man liest ab $|\mathfrak{N}| = 2050.$

Für den endgültigen Kreis haben wir jetzt noch $\mathfrak{N}\mathfrak{M}$ zu bilden und erhalten $|\mathfrak{N}\mathfrak{M}| = 2050 \cdot 0{,}048 = 98{,}4.$ Wir wählen nunmehr einen endgültigen Maßstab für das Kreisdiagramm, etwa 1 cm = 80 oder 1,25 mm = 10 und haben daher für den neuen und endgültigen Kreismittelpunkt die Strecke 12,3 mm aufzutragen. Wir können jetzt bereits den endgültigen Kreis durch den Ursprung U zeichnen. Für die Bezifferung desselben drehen wir die Gerade $\mathfrak{G}^*$ bei der Drehstreckung von $\mathfrak{M}$ nach $\mathfrak{N}\mathfrak{M}$ ebenfalls um das Argument von $\mathfrak{N}$ mit, so daß $\mathfrak{G}^*$ in die Lage $\mathfrak{B}_p$, das ist normal auf $\mathfrak{N}\mathfrak{M}$ und im selben Abstand von U wie $\mathfrak{G}^*$ kommt. Wir übertragen noch den Ausgangspunkt der p-Teilung ($N_p 0 = \overline{N0}$) und den Richtungspfeil für die positive Bezifferung. Nunmehr sind auf der Bezifferungsgeraden die p-Teilung mit $|\mathfrak{D}|$ als Einheitsstrecke abzutragen, die Bezifferungsstrahlen zu ziehen und mit dem Kreis zum Schnitt zu bringen.

Als letzte Maßnahme ist nur noch die Verschiebung des Ursprungs um $-\mathfrak{L}$ durchzuführen. Das entspricht in dem gewählten Maßstab bei $|\mathfrak{L}| = 20{,}7$ einer Verschiebung um 2,6 mm. Der neue Ursprung liegt dann in O, durch welchen Punkt auch die endgültigen Achsen gezogen werden.

III. Ortskurven höherer Ordnung; Impedanz der Asynchronmaschine einer Synchron-Asynchronkaskade.

Im Archiv für Elektrotechnik, Band XXVII, ist im Heft 11, S. 798 eine Anlaßmethode für Synchronmaschinen beschrieben, bei welcher für das Anlassen zum Ständer der Synchronmaschine der Ständer einer Asynchronmaschine in Serie geschaltet wird. Die Asynchronmaschine wird dabei von einem Hilfsmotor mit gleichbleibender Drehzahl angetrieben. Zur Untersuchung der Anlaufverhältnisse ist nun die Kenntnis der Impedanz der Asynchronmaschine in Abhängigkeit von der Drehzahl der Synchronmaschine von besonderer Wichtigkeit. Die Theorie liefert für die gesuchte Impedanz die Gleichung

$$\mathfrak{Z} = \frac{r_1}{\tau} + \frac{\left(\sigma\delta x_1 + j x_1 \frac{r_2}{x_2}\right) - \tau\sigma x_1}{\left(\frac{r_2}{x_2} - j\delta\right) + j\tau}, \quad . \; . \; . \; . \; . \quad (70)$$

worin

r_1, r_2 die Ohmschen Widerstände } der Wicklungen der Asynchron-
x_1, x_2 die Reaktanzen } maschine,
σ den totalen Streuungskoeffizienten,
δ das Verhältnis der Läufer- zur Normaldrehzahl und
τ das Verhältnis der Ständerfrequenz zur Normalfrequenz

bedeuten.

Bei veränderlicher Ständerfrequenz, also veränderlichem τ und konstantem Verhältnis $\frac{r_2}{x_2}$ erhalten wir demnach für $\mathfrak{Z}$ nach Gl. (70) eine Ortskurve höherer Ordnung. Die Gleichung ist bereits so geordnet, daß mit τ als Parameter die Summe aus einer Geraden und einem Kreis entsteht.

Wir nehmen nun folgende Zahlenwerte an

$$r_1 = 0{,}5 \text{ Ohm}$$
$$x_1 = 10 \text{ Ohm}$$
$$\sigma = 0{,}1$$
$$\delta = 1$$
$$\frac{r_2}{x_2} = 0{,}5.$$

Dann wird unsere Gleichung zu

$$\mathfrak{Z} = \frac{0{,}5}{\tau} + \frac{1 + j5 - \tau}{0{,}5 - j + j\tau} \quad . \; . \; . \; . \; . \; . \; . \quad (71)$$

Wir zeichnen zunächst in der Abb. 46 den Kreis

$$\mathfrak{K} = \frac{1 + j5 - \tau}{0{,}5 - j + j\tau}.$$

Die Nennergerade $0{,}5 - j + j\tau$ ist parallel zur imaginären Achse. Sie entsteht aus den Vektoren $\mathfrak{C} = 0{,}5 - j$ und $\mathfrak{D} = j$, mit $|\mathfrak{C}| = 1{,}12$

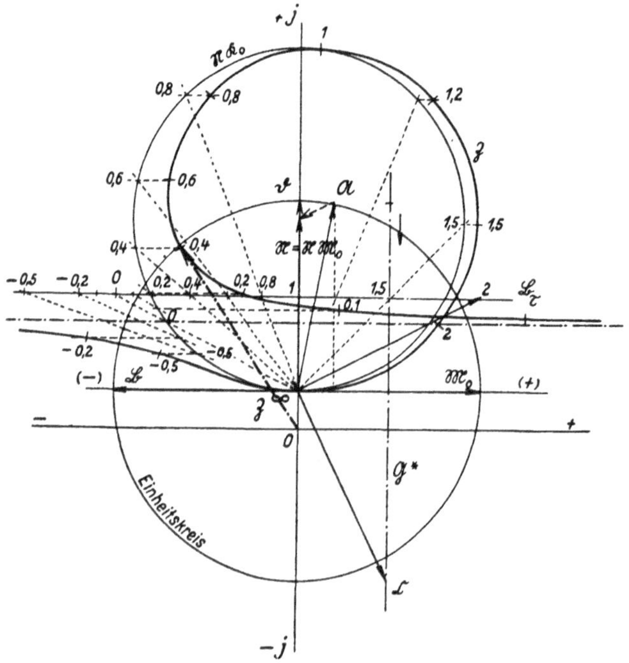

Abb. 46. Zahlenbeispiel für eine zirkulare Kubik.

und $|\mathfrak{D}| = 1$. Ihr Spiegelbild fällt mit der Geraden selbst zusammen. Der Skalennullpunkt liegt im ersten Quadranten im Abstand 1 von der reellen Achse. Die positive Bezifferungsrichtung weist nach abwärts. Der Mittelpunktsvektor $\mathfrak{M}_0$ liegt also in der reellen Achse und hat die Größe $\frac{1}{2 \cdot 0{,}5} = 1$.

Wir zeichnen weiter ein die Vektoren $\mathfrak{A} = 1 + j5$ und $\mathfrak{B} = -1$, wobei $|\mathfrak{A}| = 5{,}1$. $\mathfrak{L} = \frac{\mathfrak{B}}{\mathfrak{D}}$ hat hier die Richtung der positiven imaginären Achse und die Größe 1. $\mathfrak{C}\mathfrak{L}$ steht also senkrecht auf $\mathfrak{C}$ und eilt um 90^0 voraus; seine Größe ist 1,12. Um $\mathfrak{N}$ zu bekommen, ziehen wir also durch den Endpunkt von $\mathfrak{A}$ die Normale auf $\mathfrak{C}$ und tragen auf ihr im Maßstab, in dem $\mathfrak{A}$ gezeichnet wurde, $|\mathfrak{C}\mathfrak{L}| = 1{,}12$ auf. $\mathfrak{N}$ ergibt sich daraus zu 4,5 und rein imaginär. $\mathfrak{N}\mathfrak{M}_0$ liegt also in der positiven, imaginären Achse und hat die Größe 4,5. Damit kann der Kreis bereits gezeichnet werden. Zur Bezifferung drehen wir noch die Gerade $\mathfrak{G}^*$ nach $\mathfrak{B}_\tau$ parallel zur reellen Achse und bringen die Bezifferung nach τ mit $|\mathfrak{D}|$ als Einheitsstrecke an. Jetzt kann der Kreis $\mathfrak{N}\mathfrak{K}_0$ beziffert werden. Zur Vervollständigung des Diagrammes ist noch der Ursprung im letztgewählten Maßstab um $-\mathfrak{L}$ nach O zu verschieben.

Damit wäre der zweite Summand der Gl. (69) graphisch dargestellt. Wie der erste Summand angibt, haben wir jetzt nur mehr in jedem Punkt des Kreises, den Vektor $\frac{0,5}{\tau}$ anzufügen. Da die Gerade $\frac{0,5}{\tau}$ mit der reellen Achse (mit reziproker Teilung) identisch ist, sind diese Zusatzvektoren alle parallel zur reellen Achse. Wir haben also beispielsweise in den Kreispunkten

$\tau = 1$ die horizontale Strecke $\frac{0,5}{1} = 0,5,$

$\tau = 2$ » » » $\frac{0,5}{2} = 0,25,$

$\tau = 0,5$ » » » $\frac{0,5}{0,5} = 1,$

$\tau = -0,2$ » » » $-\frac{0,5}{0,2} = -2,5$

usw.

aufzutragen. Für $\tau = \infty$ ist der Zusatzvektor Null. $\tau = \infty$ liegt also im alten Ursprung. Für $\tau = 0$ wird der Zusatzvektor unendlich. Die Horizontale durch den Kreispunkt für $\tau = 0$ ist also eine Asymptote für die gesuchte Kurve.

Die Ortskurve ist damit durch einfache, punktweise Konstruktion vollkommen bestimmbar. Sie ist, wie aus der Konstruktion aus Kreis und Gerade hervorgeht, eine zirkulare Kubik. Als Beispiel ist der Impedanzvektor für $\tau = 0,4$ in der Figur eingetragen.

IV. Kreisscharendiagramme.

a) Schwingungskreis mit veränderlicher Induktivität und Dämpfung.

Es sei der Schwingungskreis nach Schaltbild Abb. 47 gegeben. Die Induktivität L und die Dämpfung R seien dabei veränderlich angenommen, so daß

$$L = pl$$
$$R = qr$$

gesetzt werden kann. R_L sind die Verluste der Drosselspule.

Die Spannungsgleichung lautet dann

$$\mathfrak{U} - \mathfrak{J} R - \mathfrak{J}(R_L + j\omega L) - \mathfrak{J}\frac{1}{j\omega C} = 0,$$

woraus

$$\mathfrak{J} = \frac{\mathfrak{U}}{R + R_L + j\omega L + \dfrac{1}{j\omega C}}.$$

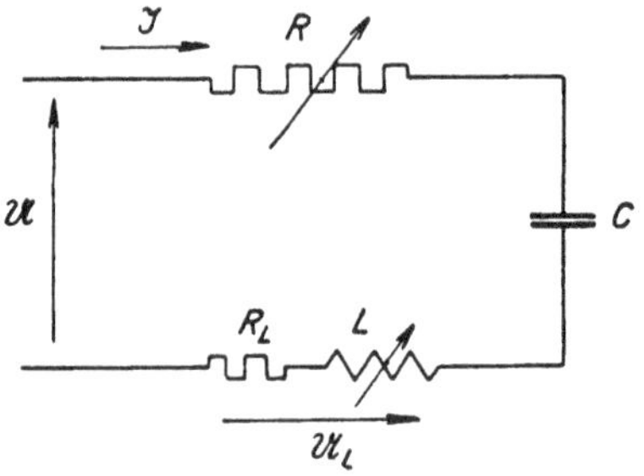

Abb. 47. Schwingungskreis mit veränderlicher Induktivität und Dämpfung.

Wir wollen nun untersuchen, welche Spannung an den Klemmen der Drosselspule auftritt bei verschiedener Einstellung der Induktivität und der Dämpfung des Schwingungskreises. Es wird

$$\mathfrak{U}_L = \mathfrak{J}(R_L + j\omega L) = \mathfrak{U}\frac{R_L + p\,j\,\omega\,l}{R_L + \dfrac{1}{j\omega C} + q\,r + p\,j\,\omega\,l}$$

oder $\mathfrak{U}_L$ in von Hunderten von $\mathfrak{U}$ ausgedrückt

$$\mathfrak{u} = \frac{\mathfrak{U}_L}{\mathfrak{U}} = \frac{R_L + p\,j\,\omega\,l}{R_L + \dfrac{1}{j\omega C} + q\,r + p\,j\,\omega\,l}\,100 \quad . \; . \; . \; . \quad (72)$$

Wir nehmen nun an

$$\omega\,l = 10\,\Omega$$
$$R_L = 4\,\Omega$$
$$\frac{1}{\omega C} = 80\,\Omega$$
$$r = 5\,\Omega.$$

Dann lautet die darzustellende Gleichung mit $\mathfrak{U} = U$

$$\mathfrak{u} = \frac{\mathfrak{U}_L}{U} = \frac{200 + p\,j\,1000}{4 - j\,80 + q\,5 + p\,j\,10}$$

oder

$$\mathfrak{u} = \frac{\mathfrak{U}_L}{U} = \frac{20 + p\,j\,100}{0{,}4 - j\,8 + q\,0{,}5 + p\,j} \quad . \; . \; . \; . \; . \; . \quad (73)$$

Das ist also die Gleichung einer Kreisschar nach dem Typus der Gl. (50). Wir ermitteln also in Abb. 48 vorerst die reziproke Schar

$$\overline{\mathfrak{R}} = \frac{1}{\mathfrak{u}} = \frac{0{,}4 - j\,8 + q\,0{,}5 + p\,j}{20 + p\,j\,100}$$

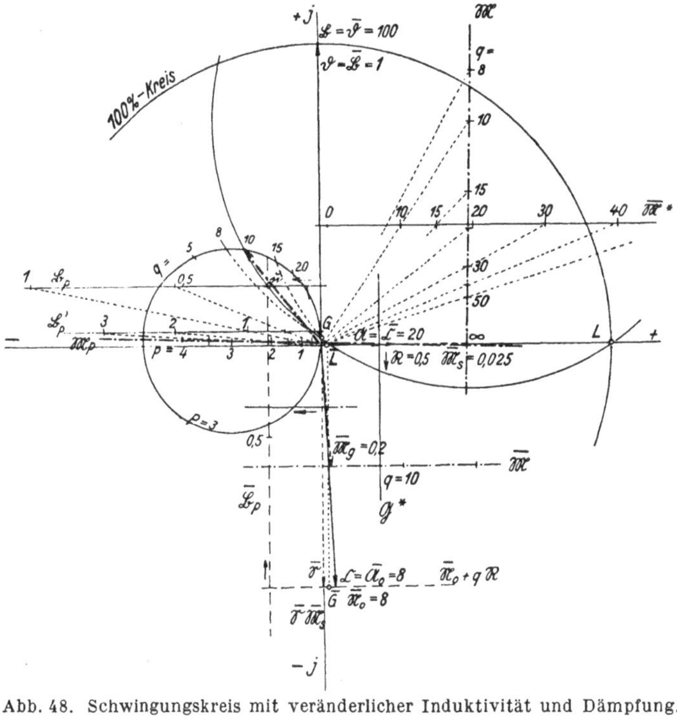

Abb. 48. Schwingungskreis mit veränderlicher Induktivität und Dämpfung.

unter Befolgung der auf S. 58 angeführten Regeln. Die Funktion $\mathfrak{R}$ ist hier eine Gerade. Wir bilden also

$$\overline{\mathfrak{L}} = \frac{\overline{\mathfrak{B}}}{\overline{\mathfrak{D}}} = \frac{j}{j\,100} = 0{,}01$$

bzw.

$$\mathfrak{L} = \frac{1}{\overline{\mathfrak{L}}} = 100$$

Es wird ferner

$$\overline{\mathfrak{N}}_0 = \overline{\mathfrak{A}}_0 - \overline{\mathfrak{C}}\,\overline{\mathfrak{L}} = 0{,}4 - j\,8 - 0{,}2 = 0{,}2 - j\,8.$$

Wir zeichnen jetzt die Nennergerade

$$\overline{\mathfrak{G}} = 20 + p\,j\,100$$

parallel zur imaginären Achse und vermerken auf ihrem Spiegelbild den Teilungsanfang und die positive Zählrichtung. Der Halbmesser des Stammkreises $\overline{\mathfrak{K}}_s$ ist dann $\frac{1}{2 \cdot 20} = 0{,}025$ und liegt in der reellen Achse. Der Mittelpunkt des Grundkreises ergibt sich aus

$$\overline{\mathfrak{M}}_g = \overline{\mathfrak{L}} + \overline{\mathfrak{N}}_0 \overline{\mathfrak{M}}_s = 0{,}01 + (0{,}2 - j\,8)\,0{,}025 = 0{,}015 - j\,0{,}2.$$

Im allgemeinen wird man diese Werte wohl rein graphisch ermitteln; in Fällen, wo aber die rechnerische Bestimmung so einfach liegt, wie hier, wird man auch diese mit Vorteil anwenden. Hiemit kann die Mittelpunktsgerade

$$\mathfrak{M} = \mathfrak{M}_g + q\,\mathfrak{R}\,\overline{\mathfrak{M}}_s = 0{,}015 - j\,0{,}2 + q\,0{,}0125$$

gezeichnet werden. Sie ist parallel zur reellen Achse.

Für die Bezifferungsgerade für das $p =$ konstant-Büschel haben wir durch den Gegenpunkt $\overline{G}$ die Normale zu $\overline{\mathfrak{S}}\,\overline{\mathfrak{M}}_s$ zu ziehen. Da $\overline{\mathfrak{S}}$ als Normale zu $\mathfrak{N}_0 + q\mathfrak{R}$ in die imaginäre Achse fällt und $\mathfrak{M}_s$ reell ist, liegt die gesuchte Normale durch $\overline{G}$ parallel zur reellen Achse. Sie fällt in der Abbildung mit der Geraden $\mathfrak{N}_0 + q\mathfrak{R}$ zusammen. Auf dieser Normalen tragen wir jetzt den Abstand der Nennergeraden $\mathfrak{G}^*$ vom Ursprung auf und ziehen dort die Parallele zu $\overline{\mathfrak{S}}\,\overline{\mathfrak{M}}_s$, das ist also eine Parallele zur imaginären Achse. Sofort wird auch der Richtungspfeil der positiven p-Teilung vermerkt.

Wir haben damit die Kreisschar $\overline{\mathfrak{K}}$ vollständig bestimmt und können daran schreiten, diese zu invertieren.

Ein gemeinsamer Punkt für die invertierte Schar wurde bereits gefunden. Es ist dies der Punkt $\mathfrak{L} = 100$. Der zweite gemeinsame Punkt ist der inverse zu $\overline{G}$. Der zugehörige Vektor hat die Größe $\frac{1}{0{,}4} = 2{,}5$, da die Entfernung von $\overline{G}$ vom Ursprung im Maßstab der Kreisschar $\overline{\mathfrak{K}}$ gemessen gleich 0,4 ist. Die Symmetrale der beiden Trägerpunkte gibt bereits die Mittelpunktgerade $\mathfrak{M}$ der gesuchten Kreisschar $\mathfrak{u}$. Zur Bezifferung derselben zeichnen wir das Spiegelbild $\overline{\mathfrak{M}}^*$ der Mittelpunktsgeraden $\overline{\mathfrak{M}}$ und ziehen die Bezifferungsstrahlen.

Das Geradenbüschel der $p =$ konstant-Linien wird nach der Inversion zu einer Kreisschar durch den Ursprung und den Punkt G. Die Mittelpunktsgerade $\mathfrak{M}_p$ dieser Schar ist also die Symmetrale der Strecke OG. Zur Bezifferung derselben haben wir nach der Vorschrift auf S. 63 auf der Normalen zu $\overline{\mathfrak{M}}$ (das ist also auf der imaginären Achse) im Abstand der Nennergeraden $\mathfrak{G}^*$ vom Ursprung die Parallele zu $\overline{\mathfrak{M}}$ zu zeichnen und zu spiegeln. Bringen wir auf ihr die p-Teilung entsprechend $\mathfrak{G}^*$ an, so erhalten wir damit eine Bezifferungsgerade $\mathfrak{B}_p$ für $\mathfrak{M}_p$. Zur Erweiterung der Skala ist noch eine zweite Bezifferungsgerade $\mathfrak{B}_p'$ in einem Viertel des Abstandes gezeichnet.

Es können nunmehr alle Kreise aus den Mittelpunkten und dem gemeinsamen Peripheriepunkt G gezeichnet werden. In der Abbildung wurde als Beispiel das Spannungsverhältnis u für $p = 3$ und $q = 10$ eingetragen. Man überblickt sofort, wie bei gleichbleibender Induktivität (p) und wachsender Dämpfung (q) die Spannung an den Klemmen der Induktivität kleiner wird. Bei gleichbleibender Dämpfung und wachsender Induktivität wächst dagegen die Spannung an den Klemmen derselben bis zu einer gewissen Größe, die über der aufgedrückten Spannung liegt — da der Dämpfungskreis über den 100%-Kreis von u hinausgeht —, um dann aber bei sehr großen Induktivitäten wieder kleiner zu werden, wobei sich die Richtung von u immer mehr der reellen Achse nähert.

b) Leistungsdiagramm einer Höchstspannungsleitung.

Die Strom- und Spannungsverhältnisse auf Höchstspannungsleitungen werden bekanntlich durch die sog. Telegraphengleichungen

$$\left.\begin{aligned} \mathfrak{U}_1 &= \mathfrak{U}_2 \operatorname{Cof} \mathfrak{k} a + \mathfrak{J}_2 \mathfrak{Z} \operatorname{Sin} \mathfrak{k} a \\ \mathfrak{J}_1 &= \mathfrak{J}_2 \operatorname{Cof} \mathfrak{k} a + \frac{\mathfrak{U}_2}{\mathfrak{Z}} \operatorname{Sin} \mathfrak{k} a \end{aligned}\right\} \quad \ldots\ldots \quad (74)$$

beschrieben.[1])

Hierin bedeuten

$\mathfrak{U}_1$, $\mathfrak{U}_2$ die Spannung am Anfang bzw. Ende der Leitung,
$\mathfrak{J}_1$, $\mathfrak{J}_2$ den Strom am Anfang bzw. Ende der Leitung,
$\mathfrak{Z}$ den Wellenwiderstand der Leitung,
a die Leitungslänge und
$\mathfrak{k}$ die Fortpflanzungskonstante der Leitung.

Eliminiert man aus den beiden obigen Gleichungen $\mathfrak{J}_2$, so wird

$$\mathfrak{J}_1 = \frac{1}{\mathfrak{Z}} \left(\frac{\mathfrak{U}_1}{\operatorname{Tg} \mathfrak{k} a} - \frac{\mathfrak{U}_2}{\operatorname{Sin} \mathfrak{k} a} \right) \quad \ldots\ldots\ldots \quad (75)$$

Man erhält nun, wie in einem späteren Kapitel noch gezeigt werden soll, die Scheinleistung, indem man den Strom mit dem konjugiert komplexen Spannungsvektor (Spiegelbild) multipliziert. Setzen wir nun die beiden Spannungen $\mathfrak{U}_1$ und $\mathfrak{U}_2$ durch die Gleichung

$$\mathfrak{U}_1 = \mathfrak{d}\, \mathfrak{U}_2 = d\, U_2 e^{j\,\delta} = U_1 e^{j\,\delta} \ldots\ldots\ldots \quad (76)$$

miteinander in Beziehung, die nichts anderes aussagt, als daß U_1 d mal so groß ist als U_2 und gegenüber U_2 um den Winkel δ voreilt, so wird

$$\mathfrak{N} = \mathfrak{J}_1 \mathfrak{U}_1^* = \frac{\mathfrak{U}_1 \mathfrak{U}_1^*}{\mathfrak{Z} \operatorname{Tg} \mathfrak{k} a} - \frac{U_2 \mathfrak{U}_1^*}{\mathfrak{Z} \operatorname{Sin} \mathfrak{k} a} = \frac{U_1^2}{\mathfrak{Z} \operatorname{Tg} \mathfrak{k} a} - \frac{U_2^2\, d\, e^{-j\,\delta}}{\mathfrak{Z} \operatorname{Sin} \mathfrak{k} a} \cdot \frac{U_1^2}{U_1^2}.$$

Nun bezeichnet man die für die Leitung charakteristische Größe

$$\frac{U_1^2}{Z} = N_n$$

[1]) Siehe Anmerkung [2]) auf Seite 10.

als die »natürliche Leistung« der Leitung und erhält durch Einführen dieser Größe und mit

$$\mathfrak{Z} = Z\,h\,e^{-j\zeta}\text{[1])}$$

$$\frac{\mathfrak{N}}{N_n} = \frac{e^{j\zeta}}{h\,\mathfrak{Tg}\,\mathfrak{k}\,a} - \frac{e^{j\zeta}}{h\,\mathfrak{Sin}\,\mathfrak{k}\,a}\left(\frac{U_2}{U_1}\right)^2 d\,e^{-j\delta}$$

oder

$$\frac{\mathfrak{N}}{N_n} = \frac{e^{j\zeta}}{h\,\mathfrak{Tg}\,\mathfrak{k}\,a} - \frac{e^{j\zeta}}{h\,\mathfrak{Sin}\,\mathfrak{k}\,a\,d\,e^{j\delta}}.$$

Setzen wir noch

$$\left.\begin{array}{l}\mathfrak{Tg}\,\mathfrak{k}\,a = t\,e^{j\tau}\\ \mathfrak{Sin}\,\mathfrak{k}\,a = s\,e^{j\sigma}\end{array}\right\}, \quad \ldots\ldots\ldots\ldots \quad (77)$$

so wird schließlich

$$\frac{\mathfrak{N}}{N_n} = \frac{e^{j(\zeta-\tau)}}{h\,t} - \frac{e^{j(\zeta-\sigma)}}{h\,s}\,\mathfrak{D}', \quad \ldots\ldots \quad (78)$$

wobei

$$\mathfrak{D}' = \frac{1}{\mathfrak{D}} \quad \ldots\ldots\ldots\ldots \quad (78a)$$

Wählen wir nun für ein Zahlenbeispiel eine 200 km lange 200-kV-Leitung mit

$$\begin{aligned} h &= 1{,}015\\ t &= 0{,}102\\ s &= 0{,}101\\ \zeta &= 7^0\\ \tau &= \sigma = 83^0, \end{aligned}$$

so wird

$$\frac{\mathfrak{N}}{N_n} = \frac{e^{-j\,76^0}}{0{,}1035} - \frac{e^{-j\,76^0}}{0{,}1025}\,\mathfrak{D}'$$

oder

$$\frac{\mathfrak{N}}{N_n} = 9{,}66\,e^{-j\,76^0} - 9{,}75\,e^{-j\,76^0}\,\mathfrak{D}' \quad \ldots\ldots \quad (79)$$

Wir zeichnen in der Abb. 49 zunächst den Vektor $\mathfrak{M} = 9{,}66\,e^{-j\,76^0}$ um 76^0 gegen die reelle Achse nacheilend. Er liefert den Mittelpunkt der Kreisschar. Der Koeffizient von δ', $\mathfrak{N} = 9{,}75\,e^{-j\,76^0}$ ist mit $\mathfrak{M}$ gleichgerichtet. Da er für $\mathfrak{D}' = 1$ zu subtrahieren ist, müssen wir ihn von M gegen O wieder abtragen. Wie erhalten damit den Punkt $\delta = 0$ des Kreises $d = 1$, der somit bereits gezeichnet werden kann. Die anderen Kreise für andere d sind mit d verhältnisgleich größer oder kleiner,

[1]) R. Rüdenberg, »Elektrische Hochleistungsübertragung auf weite Entfernung«. Verlag J. Springer 1932.

aber mit dem gleichen Mittelpunkt M zu zeichnen. Es ist vorteilhaft, in der Abbildung d in Prozenten einzutragen. Die $\delta =$ konstant-Linien bilden ein Strahlenbüschel um M. Da δ laut Gl. (78a) im Nenner steht bzw. negativ ist, ist die positive Folge der δ-Strahlen im Sinne des Uhrzeigers gerichtet. Wir können also die Strahlen unter gleichmäßiger Winkelteilung einzeichnen, womit das Diagramm vollständig ist.

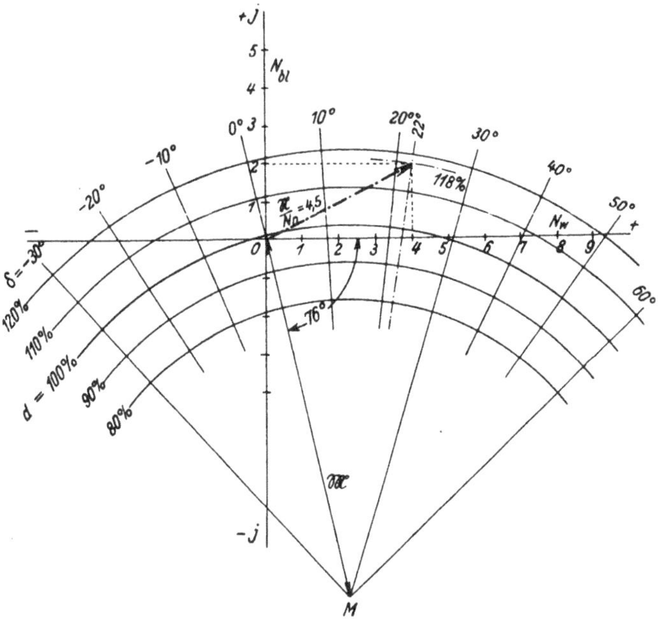

Abb. 49. Leistungsdiagramm einer Höchstspannungsleitung.

Zur physikalischen Deutung des Diagrammes erinnern wir uns, daß $\mathfrak{N}$ die Scheinleistung am Leitungsanfang bedeutete. Diese ist aus Wirkleistung (reell) und Blindleistung (imaginär) zusammengesetzt. Wir haben daher in unserem Diagramm auf der reellen Achse das Verhältnis der Wirkleistung zur natürlichen Leistung und auf der imaginären Achse das Verhältnis der Blindleistung zur natürlichen Leistung abzulesen. Die beiden Komponenten liefern dann die Scheinleistung am Leitungsanfang. Dabei ist die induktive Blindleistung im Sinne der positiven imaginären Achse zu zählen.

Nehmen wir beispielsweise an, es soll das Vierfache der natürlichen Leistung als Wirkleistung und das Zweifache als induktive Blindleistung übertragen werden, das ist also die in der Abbildung eingetragene, etwa 4,5fache Scheinleistung. Die Übertragung erfolgt dann bei einem Spannungsverhältnis von 118% und einer Phasenverschiebung von $+ 22^0$ zwischen den Spannungen am Anfang und Ende der Leitung.

E. Einige sonstige Eigenschaften der Ortskurvendarstellung.

I. Leistung.

Wir haben bereits bei der Beschreibung der Zeitvektoren die Schwierigkeit kennengelernt, die vorerst der Darstellung des Produktes zweier Zeitvektoren entgegensteht. Wir erhielten einen Zeitvektor doppelter Umdrehungsgeschwindigkeit. Das wäre an und für sich noch nicht so schwerwiegend; man könnte ja alle Vektoren doppelter Winkelgeschwindigkeit wieder in einem Vektordiagramm vereinen und hätte nur darauf zu achten, daß nicht etwa Vektoren verschiedener Periodenzahl aneinander gereiht werden.

Die Schwierigkeit liegt vielmehr in der physikalischen Deutung des komplexen Produktes zweier Zeitvektoren. Die physikalisch einzig als »Leistung« anzusprechende Leistung ist ja nur die Wirkleistung. Diese ist aber durchaus kein Vektor, sondern eine reelle Größe. Die sog. Blindleistung ist ein reiner, zahlenmäßiger Hilfsbegriff, nämlich das Produkt aus der Spannung, dem Strom und dem Sinus des Phasenwinkels zwischen diesen beiden Größen. Als solcher Zahlenwert hat die Blindleistung natürlich ebenfalls keine Richtung und ist also auch kein Vektor.

Anders verhält es sich mit der Scheinleistung. Diese ist zwar ihrer ersten Bestimmung nach ebenfalls ein reiner Zahlenhilfsbegriff, nämlich das Produkt $N = UJ$ aus den Zahlenwerten von Strom und Spannung. Sie ist vorerst ein Maß für die Dimensionierung einer elektrischen Maschine, deren Wicklung mechanisch und erwärmungstechnisch der Stromstärke J und deren Isolation der Spannung U angepaßt werden muß.

Nun ist aber die Wirkleistung

$$N_w = U J \cos\varphi = N \cos\varphi \quad . \; . \; . \; . \; . \; . \; . \quad (80)$$

gleich dem Produkt aus Scheinleistung und dem Kosinus des Phasenverschiebungswinkels (Leistungsfaktor), während die Blindleistung, wie schon erwähnt, durch die Formel

$$N_{bl} = U J \sin\varphi = N \sin\varphi \quad . \; . \; . \; . \; . \; . \; . \quad (81)$$

dargestellt ist. Diese beiden Gleichungen lassen nun die Deutung der Scheinleistung als Vektor zu, derart, daß die reelle Komponente desselben die Wirkleistung und die imaginäre die Blindleistung darstellt (Abb. 50). Es muß also grundsätzlich möglich sein, die Scheinleistung als irgendwie definiertes Produkt aus Strom- und Spannungsvektor darzustellen.

Als Vektor aufgefaßt, ergibt sich die Scheinleistung aus ihrer reellen und imaginären Komponente wie folgt:

$$\mathfrak{N} = N_w + j\,N_{bl} = U\,J\,(\cos\varphi + j\sin\varphi) = U\,J\,e^{j\varphi}.$$

Nun ist allgemein

$$\mathfrak{U} = U\,e^{j(\alpha+\omega t)}$$

$$\mathfrak{J} = J\,e^{j(\beta+\omega t)}$$

und

$$\varphi = \alpha - \beta.$$

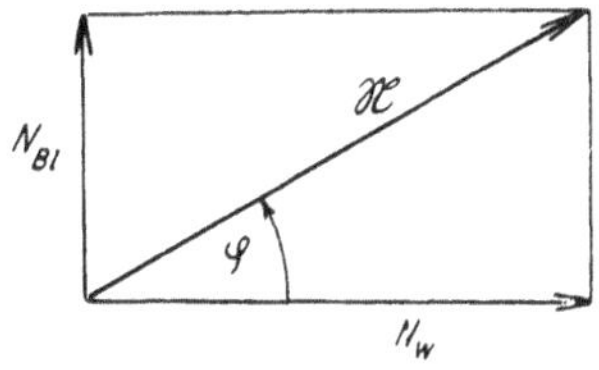

Abb. 50. Scheinleistung, Wirkleistung, Blindleistung.

Also wird die Scheinleistung

$$\mathfrak{N} = U\,J\,e^{j(\alpha-\beta)} = U\,e^{j\alpha}\,J\,e^{-j\beta} = \mathfrak{U}\,\mathfrak{J}^* \quad . \; . \; . \; . \quad (82)$$

gleich dem komplexen Produkt aus Spannung und dem Spiegelbild des Stromvektors (das ist dem konjugiert komplexen Vektor zu $\mathfrak{J}$). Da $\mathfrak{U}$ gegen $\mathfrak{J}$ vorerst darstellungsgemäß nichts voraus hat, so muß auch das Produkt $\mathfrak{J}\mathfrak{U}^*$ die Scheinleistung ergeben, wovon man sich sofort überzeugt, wenn man in der obigen Entwicklung den Phasenwinkel φ mit verkehrtem Vorzeichen einführt. Die positive, das ist die induktive Blindleistung liegt dann aber auch nach der entgegengesetzten Richtung.

II. Strom- und Spannungsdiagramme.

Sehr häufig liegt das Wechselstromproblem so, daß die Spannung $\mathfrak{U}$ konstant ist und der Strom

$$\mathfrak{J} = \frac{\mathfrak{U}}{\mathfrak{z}} \quad . \; . \; . \; . \; . \; . \; . \; . \; . \; . \; . \; . \quad (83)$$

gesucht wird, wobei $\mathfrak{z}$ irgendeine Funktion vorhandener, beliebig geschalteter Widerstände ist. Da $\mathfrak{U}$ konstant ist (also etwa auch gleich 1 gesetzt werden kann), ist das Stromdiagramm in diesem Falle bis auf den Maßstab mit dem Widerstandsdiagramm $\frac{1}{\mathfrak{z}}$ (der Dimension nach also ein Leitwert) identisch.

In gleicher Weise ist das Spannungsdiagramm bei konstantem Strom mit dem Widerstandsdiagramm $\mathfrak{z}$ identisch.

Ist schließlich die Ersatzimpedanz $\mathfrak{z}$ konstant, so ist das Verhältnis zwischen Spannung und Strom konstant

$$\frac{\mathfrak{U}}{\mathfrak{J}} = \mathfrak{z};\; \mathfrak{U} = \mathfrak{J}\,\mathfrak{z}.$$

Das Spannungsdiagramm geht also aus dem Stromdiagramm durch Drehstreckung mit $\mathfrak{z}$ hervor und umgekehrt das Spannungsdiagramm durch Drehstreckung mit $\frac{1}{\mathfrak{z}}$.

III. Darstellung der Leistungen.

Ist das Stromdiagramm ermittelt und so orientiert, daß die Spannung in die reelle Achse fällt, dann ist der Normalabstand jedes Punktes der Ortskurve des Stromes von der imaginären Achse (reelle Komponente) gleich dem Wirkstrom (Wirkkomponente) und der Normalabstand von der reellen Achse (imaginäre Komponente) gleich dem Blindstrom (Blindkomponente). Für konstante Spannung U sind diese Strecken, im entsprechenden Maßstab gemessen, bereits die Wirk- und Blindleistungen.

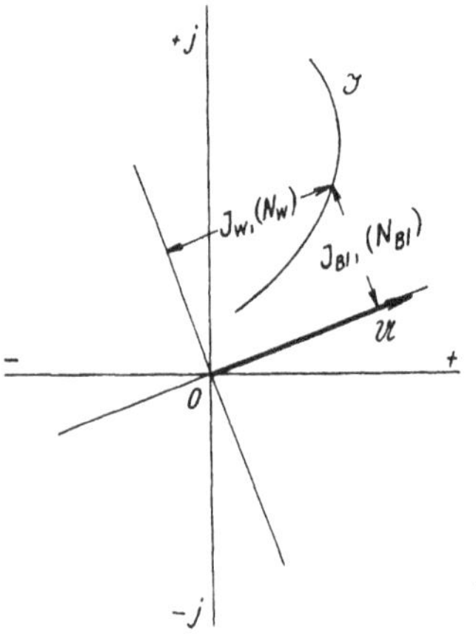

Abb. 51. Die Leistungen im Ortskurvendiagramm.

Fällt $\mathfrak{U}$ nicht in die reelle Achse, so kann durch $\mathfrak{U}$ die reelle Achse eines Hilfskoordinatensystems gezogen werden, wie es auch beispielsweise in der Abb. 51 dargestellt ist.

In ähnlicher Form lassen sich auch mit Hilfe der Halbpolaren, der Verbindungslinie zwischen Leerlauf- und Kurzschlußpunkt und anderen Hilfslinien die Verlustleistung, die Nutzleistung und der Wirkungsgrad darstellen, was im Elektromaschinenbau oft von Nutzen sein kann. Die Ableitung dieser Gesetzmäßigkeiten würde jedoch hier zu weit führen[1]).

IV. Verbindung zur Nomographie.

In den meisten Fällen, in denen die Ortskurve durch Veränderung eines reellen Parameters entsteht, erscheint dieser Parameter in Form einer Skala beliebiger Teilung (regulär, reziprok, Potenzskala usw.) auf einer Bezifferungsgeraden. Damit ist aber auch schon unmittelbar ein Anschluß an die Nomographie[2]) gegeben, indem diese Bezifferungsgerade die Endskala irgendeines Nomogrammes darstellen kann. Es ist dadurch möglich, den Parameterwert, der irgendeine reelle Funktion einer Reihe von reellen Bestimmungsgrößen darstellt, vorerst nomographisch zu ermitteln und anschließend im selben Diagramm die Größe und Lage des zugehörigen Zeitvektors zu finden.

Die Abb. 52 zeigt eine solche kombinierte Ortskurvendarstellung mit nomographischer Parameterermittlung. In einem Wechselstromproblem

---

[1]) Siehe hierüber: G. Hauffe, »Ortskurven der Starkstromtechnik«. Verlag Julius Springer 1932.

[2]) Siehe z. B.: H. Schwerdt, »Lehrbuch der Nomographie«. Verlag Julius Springer 1924.

ergibt sich beispielsweise für den Strom die Ortskurve $\mathfrak{J}$ in Form eines Kreisdiagrammes in allgemeiner Lage. Zur Bezifferung des Kreises dient die Bezifferungsgerade $\mathfrak{B}_p$, die eine Skale nach dem Parameter p (etwa das Vielfache eines Einheitswiderstandes) trägt. Dieser Parameter sei selbst von den Größen α und β (etwa Leiterquerschnitt und Leitungs-

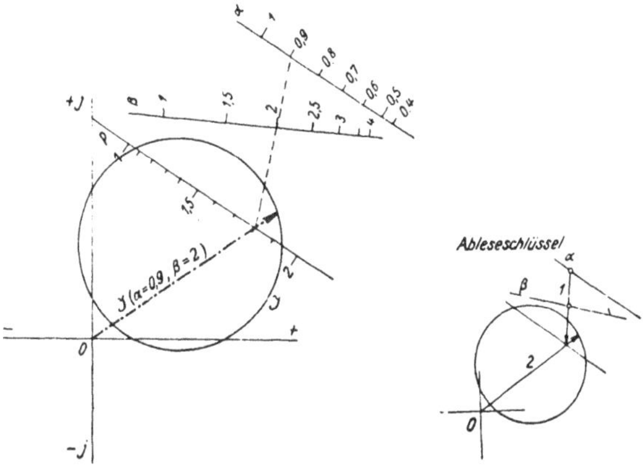

Abb. 52. Verbindung von Ortskurve und Nomogramm.

länge) abhängig und zur Bestimmung desselben an $\mathfrak{B}_p$ ein Z-Nomogramm angefügt. Nach Angabe des Ableseschlüssels[1]) ist dann das Diagramm so zu handhaben, daß zuerst der Suchstrahl 1 über die gegebenen Werte α_1 und β_1 gezogen wird, worauf der auf $\mathfrak{B}_p$ erhaltene Parameterwert zur Ermittlung des Stromes $\mathfrak{J}$ dient. Falls dabei der Wert von p als Zwischenwert etwa ohne Interesse ist, kann die Bezifferung von $\mathfrak{B}_p$ und damit die des Kreisdiagrammes auch entfallen und $\mathfrak{B}_p$ auf diese Art zu einer Zapfenlinie werden, die den Übergang vom Nomogramm zur Ortskurve vermittelt. In der Abbildung ist als Zahlenbeispiel $\mathfrak{J}$ für $\alpha = 0{,}9$ und $\beta = 2$ ermittelt.

[1]) Siehe G. Oberdorfer, »Vorschläge zur Vereinheitlichung der Ausführung nomographischer Rechentafeln«. Zeitschrift des Österr. Ing.- u. Arch.-Vereines 1928, Heft 3/4, Seite 19.

F. Sachverzeichnis.

Die fetten Ziffern nennen die Seitenzahlen bei den grundsätzlichen Ortskurven; die schrägen Ziffern weisen auf die Seitenzahlen hin, wo Zahlenbeispiele angegeben sind.

www.ingramcontent.com/pod-product-compliance
Lightning Source LLC
Chambersburg PA
CBHW081238190326
41458CB00016B/5828